目　次

前　言

本规范按照 GB/T 1.1—2009《标准化工作导则　第1部分：标准的结构和编写》给出的规则起草。

本规范附录 A、B、C、D、E、F、G、H、I、J、K、L、M 为资料性附录，附录 N、O、P 为规范性附录。

本规范由中国地质灾害防治工程行业协会提出并归口。

本规范主要起草单位：中国科学院·水利部成都山地灾害与环境研究所、浙江华东建设工程有限公司、大地基业护坡工程有限责任公司。

本规范参与起草单位：甘肃智广地质工程勘察设计有限公司、安徽金联地矿科技有限公司、甘肃省科学院地质自然灾害防治研究所、四川省华地建设工程有限责任公司、中冶成都勘察研究总院有限公司、吉林省信旺地质工程有限公司、江苏绿岩生态技术股份有限公司。

本规范主要起草人：马东涛、周麟、王道杰、严冬春、李树一、张克夔、金忠良、史群尧、张世君、魏余广、陈秀清、黄晓辉、秦月琴、许仁朝、王前、王得楷、杨军、吴玮江、周自强、陈世龙、刘晓钦、李耀家、罗东林、刘波、潘治刚、柴妍、胡雨豪、马司骞、张波、张玉倩。

本规范由中国地质灾害防治工程行业协会负责解释。

引　　言

为提高地质灾害生物治理工程技术水平，规范生物治理工程设计，确保生物治理工程与地质灾害防治工程和生态环境的协调，保护地质环境，推动生物治理工程设计向规范化和科学化的方向发展，特制定本规范。

本规范是在广泛深入调查研究国内外地质灾害防治工程的基础上，系统总结了地质灾害生物治理工程和水土流失治理工程技术的实践经验，吸收了相关行业设计规范的最新成果编制而成。

地质灾害生物治理工程设计规范(试行)

1 范围

本规范适用于泥石流、滑坡、崩塌、地面塌陷等地质灾害的生物治理工程设计。

本规范规定了地质灾害生物治理工程设计的术语和定义、基本规定、设计依据、植物生长基础设计、分项治理工程设计、专项治理工程设计、监测设计、养护抚育、施工组织、质量评定及工程验收等内容。

地质灾害生物治理工程设计除应符合本规范外,尚应符合国家、行业现行有关标准的规定。

2 规范性引用文件

下列文件对于本规范的应用是必不可少的。凡是注明日期的引用文件,仅所注日期的版本适用于本规范。凡是不注明日期的引用文件,其最新版本(包括所有的修改版)适用于本规范。

GB 5084—2005 农田灌溉水质标准

GB 6000—1999 主要造林树种苗木质量分级

GB 6142—2008 禾本科草种子质量分级

GB 7908—1999 林木种子质量分级

GB 15063—2001 复合肥国家标准

GB 50330—2013 建筑边坡工程技术规范

GB 50433—2008 开发建设项目水土保持技术规范

GB 50563—2010 城市园林绿化评价标准

GB 51018—2014 水土保持工程设计规范

GB/T 15773—2008 水土保持综合治理-验收规范

GB/T 15776—2016 造林技术规程

GB/T 50085—2007 喷灌工程技术规范

GB/T 50485—2009 微灌工程技术规范

GB/T 50817—2013 农田防护林工程设计规范

CJJ 82—2012 园林绿化工程施工及验收规范

DZ/T 0219—2006 滑坡防治工程设计与施工技术规范

DZ/T 0221—2006 崩塌、滑坡、泥石流监测规范

DZ/T 0222—2006 地质灾害防治工程监理规范

SL 277—2002 水土保持监测技术规程

SL 386—2007 水利水电工程边坡设计规范

3 术语和定义

下列术语和定义适用于本规范。

3.1

地质灾害治理工程 prevention and control works for geohazards

为减轻或消除地质灾害损失或威胁而采取的各类工程和措施的总称,包括土木治理工程和生物治理工程两大类。

3.2

地质灾害土木治理工程 civil engineering control works for geohazards

为抑制地质灾害发生、减弱地质灾害活动、减轻地质灾害损失而采取的土木工程技术和措施的总称。

3.3

地质灾害生物治理工程 bio-engineering control works for geohazards

采用活的植物,单独用植物或与土木工程和其他工程材料相结合,抑制地质灾害发生,减弱地质灾害活动,减轻地质灾害损失,并对灾前、灾中、灾后生态环境维护、保育、修复、重建和资源开发具有显著功能的生态工程或措施。

3.4

立地条件 site conditions for plant

影响植物生长的区域地质、地貌、地形(含微地形)、气候、水文、土壤、植被等条件的总称。

3.5

优势物种 dominant species

在某一区域占优势的植物物种,具有较强的竞争力和适应性,并对保持和维护植物群落结构、功能及稳定性具有重要作用。

3.6

乡土物种 native species

是原产于本地区的植物,或通过长期引种、栽培和繁殖,被证明已经完全适应本地区的气候和环境,生长良好且能与本地植物形成共生稳定群落的一类植物,也称本地物种、土著物种。

3.7

外来物种 alien species

通过有意或无意的人类活动被引入到自然分布区以外,在自然分布区外的自然、半自然生态系统或生境中建立种群的植物物种。

3.8

外来入侵物种 alien invasive species

对引入地的生物多样性造成威胁、影响或破坏的外来物种。

3.9

适地适树(草) trees(grasses) adaptive to site condition

因地制宜选择与立地环境条件相适应的树种(草种)。

3.10

植物物种选择 plant species selection

选取适应立地条件、能满足治理工程需要的植物物种和群落的过程。

3.11

植物生长基础 foundation for plant growth

为植被生长、植生基质附着而采取的各类支撑工程及植被种植工艺方法，也称植被建植。

3.12

整地工程 land preparation engineering

为改善生物治理工程区的植物生长基础和立地条件而开展的土地与迹地整理措施。

3.13

林草封育工程 forest and grassland closure engineering

将植被从利用状态改变为休闲、不利用状态，或加以培育，以恢复植被、保护生态环境的措施。

3.14

人造植生基质 artificial base material for plant growth

人工制备的具有高效营养组分、可满足植物生长需要的混合物。通常由腐殖土、草炭土、有机肥、添加剂等按一定比例组合而成。

3.15

喷播 spray-seeding

运用特定机械将植物种子、人造植生基质和水的混合物喷附于基床表面的工法。

3.16

植生毯（带） vegetation blanket（belt）

利用稻草、麦秆、棕榈等植物纤维为基质连同专用纸、定型网等多种材料，经机器绗缝而成的毯（带）状产品。

3.17

植生袋 vegetation bag

利用高分子聚丙烯、编织网、无纺布、木浆纸等材料加工成的袋装构件，内填充种植土和植物种子，用于边坡绿化的产品，也叫生态袋、植草袋等。

3.18

土工格室 plastic geocell

由强化的高密度聚乙烯（HDPE）片材料经高强力焊接而形成的一种三维网状格室结构的产品，格室内可填充种植土和植物种子。

3.19

生物治理分项工程 sub-items of bio-engineering control works

对地质灾害体的不同部位，采取的具有特定治理功能的生物治理工程及措施的总称。

3.20

生物治理专项工程 professional bio-engineering control works

对各类地质灾害灾种而采取的生物治理工程及措施的总称。

3.21

生物谷坊 bio-engineering check dam

利用萌蘖性强的活立木桩直接打入沟床，编篱再进行扦插造林加固加密而成的一类谷坊坝。

3.22

生物护坡工程 slope control bio-engineering

为稳定滑坡、崩塌等不稳定边坡坡体浅、表层岩土体，保护坡面而采取的生物措施。

3.23

生物排水工程 drainage bio-engineering

利用植物及其他复合材料衬铺,具有生态功能的排水沟。

3.24

生物拦挡工程 block bio-engineering

拦挡和固定泥石流沟道、岸坡和坡面冲沟的生物措施。

3.25

生物固床工程 chanel stabilization bio-engineering

稳定泥石流和坡面冲沟、沟床松散固体物质的生物措施。

3.26

生物护岸工程 bank stabilization bio-engineering

稳定泥石流和坡面冲沟岸坡的生物措施。

3.27

生物排导工程 diversion channel bio-engineering

排泄和导流沟道与坡面冲沟泥石流、洪水的生物措施。

3.28

植被覆盖率 percentage of vegetation coverage

植被(林草)面积与治理区域总面积的百分比,也称林草覆盖度。

3.29

林草郁闭度 crown density of vegetation coverage

林草地冠幅垂直投影面积与宜林草地面积之比,简称郁闭度。

3.30

种植成活率 percentage of plant survival

种植植物的成活数量所占种植植物总数量的百分比,简称成活率。

4 基本规定

4.1 设计基本要求

4.1.1 生物治理工程应在已采取治理工程措施或地质灾害体趋于稳定、基本稳定的前提下使用。对正在活动的崩塌或滑坡等地质灾害,不得直接或单独采用生物治理工程。

4.1.2 生物治理工程设计中要充分考虑植物生长对地质灾害体、治理工程及周边环境的影响。生物治理工程应有益于地质灾害体的稳定,有利于地质灾害治理工程的安全。

4.1.3 生物治理工程的设防级别、安全等级可参照各类地质灾害防治工程设计规范中的规定执行,其安全等级及设计的使用年限依设防目的、防治工程规模、保护对象重要程度、生物特性及环境背景条件而定。

4.1.4 生物治理工程的勘察、设计资质应符合中国地质灾害防治工程行业协会有关资质管理的规定。

4.1.5 生物治理工程作为地质灾害治理工程的辅助,暂不作为防治工程稳定性定量计算的依据,不参与工程稳定性及安全计算,但可作为稳定性定性的因素在分析评价中加以考虑。

4.1.6 生物治理工程设计时应复核相应的地质灾害勘查成果,并应开展立地条件、社会经济、水土流失等生物治理工程相关的专项调查。

4.1.7　对于施工难度大、工艺复杂或有特殊工艺要求的生物治理工程，应进行必要的种植试验和试验工程。

4.1.8　生物治理工程设计应与地质灾害防治工程设计一并进行，其设计成果可单列一个篇章，也可单独编制报告；只采用生物治理工程时，应单独编制生物治理工程设计报告。

4.1.9　生物治理工程设计应与地质灾害防治工程设计阶段和深度保持一致。

4.1.10　在黄土、冻土、膨胀土、盐渍土、软土等不良岩土地区及地面沉降和地裂缝灾害区域开展生物治理工程时，应重视生物治理工程对地质灾害体、不良岩土体和防治工程等稳定性的影响评价，选择适宜的物种和群落，采取合理的灌溉措施。

4.1.11　生物治理工程应优先选取乡土物种。如选用外来物种，应对其对生物多样性及生态环境、生态安全的影响进行评价，经评价安全无害后方可使用。不得使用外来入侵物种。

4.1.12　地质灾害生物治理工程应重视水土保持、生态环境保护、科学研究和试验，吸收新技术、新材料和新工艺，并积累成熟的工程经验，做到因地制宜，综合防治，实用美观，生态环保。

4.1.13　在高等级公路、铁路、风景区、旅游区、工矿区、城镇等有特殊景观要求的区域开展地质灾害防治时，生物治理工程应与当地社会、经济和环境发展相适应，与市政规划、环境保护、土地管理和开发相结合，在安全、经济、适用的前提下尽量做到生态、环保、美观。

4.1.14　生物治理工程投资估算、概算及预算编制，应符合现有地质灾害防治工程投资相关规定及定额，在没有定额的情况下可参照水利、林业、市政园林和地方概(预)算标准执行。

4.2　设计阶段要求

4.2.1　一般规定

4.2.1.1　地质灾害生物治理工程设计可划分为可行性方案设计、初步设计和施工图设计3个阶段。对于规模较小、地质环境条件简单的地质灾害，可简化设计阶段。简化设计阶段时，可将可行性方案设计、初步设计、施工图设计3个阶段合并，做一阶段设计。

4.2.1.2　可行性方案设计：在审定的可行性阶段的地质勘查及生物治理专项调查的基础上，根据防治目标和治理范围，通过对多种设计方案进行全面的技术、经济、社会和生态环境效益等的综合论证，选定推荐治理工程设计方案。设计文件包括可行性方案设计报告、设计方案图册及工程投资估算书，并提交生物治理专项调查报告及有关试验报告等附件。

4.2.1.3　初步设计：在审定的可行性研究推荐方案的基础上，进一步充分论证和试验；提出具体工程实现步骤和有关工程参数，进行结构设计，编制相应报告及图件，提出监测方案，进行工程概算。设计文件包括初步设计报告、初步设计图册及工程投资概算书，并提交有关补充专项调查和试验报告等附件。

4.2.1.4　施工图设计：在审定的初步设计的基础上，对初步设计图中结构和构造进行扩充和细部设计，提出施工技术、施工组织和安全措施要求；编制相应的施工图设计文件；对监测方案应给出准确的监测点位置及具体的技术要求。设计文件包括施工图设计说明书、施工设计图册及工程投资预算书。

4.2.1.5　各阶段的设计图表包括平面图、剖面图、立面图、结构详图，以及工程项目一览表、材料统计表等。

4.2.1.6　各阶段的设计报告及说明书内容详见附录O。

4.2.2 可行性方案设计应符合下列规定：

4.2.2.1 根据任务书要求，从技术可行、经济合理，以及社会、生态环境等因素对生物治理工程进行2个以上方案的分析论证，进行投资估算，确定推荐方案，其中包括生物材料的可得性、施工组织、施工期、抚育、管理等。若生物治理工程位于自然保护区或影响区，应进行生物工程治理对生物多样性保护、自然保护区生态安全的影响评价。

4.2.2.2 在遵循治理工程目标和原则的基础上，结合当地地质环境条件和技术经济条件等进行。

4.2.2.3 对地质灾害体的环境影响程度和实施治理工程的必要性进行充分论证，并论证工程实施的可能性。

4.2.2.4 根据治理区的立地条件、功能类型，确定目标植物和群落，制定相应的植被建植方法和工艺，并进行生物治理工程可行性方案的比较。

4.2.2.5 在区域地质灾害勘查基础上，开展区域气象、土壤、植被、水土流失、社会经济等立地条件专项调查。完成土壤类型图、植被类型图，图件一般比例尺为1∶5 000～1∶10 000，也可根据治理工程实际需要编制更大比例尺图件，明确基本设计参数。根据任务书要求，明确设计依据和投资估算。

4.2.2.6 对工程进行效益评估，包括工程实施后的防灾减灾效益、经济效益、社会效益和生态效益。

4.2.2.7 根据任务书的规定时间结合植物生长季、雨季和施工条件难易程度等特征，安排合理的施工程序和工程实施顺序，并确定切实可行的工期。

4.2.2.8 提交相应的设计图册，一般为A3幅面，平面布置图可采用A1、A0或更大幅面。

4.2.2.9 详细说明工程投资估算的编制办法、费率标准、实际工程量及定额依据等，也可以工程投资估算书的形式单独提交。

4.2.3 初步设计应符合下列规定：

4.2.3.1 在已审定的可行性方案设计的基础上编制；根据推荐方案，开展满足初步设计阶段工作深度要求的地质勘测资料复核、生物治理工程专项调查。

4.2.3.2 对推荐方案所依据的设计参数进行进一步论证、复核。

4.2.3.3 选定和落实适合于当地生态条件和各生物治理工程类型的植物物种或苗木种类，确定乔、灌、草的组合方式、比例，以及混交类型、方式。

4.2.3.4 对选定采用的植物种子或苗木的质量和规格等提出具体的要求。制定播种前种子处理方法，进行发芽试验。

4.2.3.5 单项生物治理工程应确定具体位置、类型、数量和规模；与地质灾害防治工程一并实施的，应确定其结合方式、位置和特殊工艺要求。

4.2.3.6 结合植物生长季、雨季和施工条件难易程度等特征，安排合理的施工程序和工程实施顺序，并确定具体的工期。

4.2.3.7 初步提出具体的监测要求，制订监测计划，落实监测点位、内容和时段。

4.2.3.8 初步提出具体生物措施类型的施工要求、抚育管护措施，并提出具体的工程质量标准和验收要求。

4.2.3.9 对生物治理工程防灾减灾效益、生态效益、经济效益和社会效益等进行定性、定量概算及评价。

4.2.3.10 提交相应的设计图册，一般为A3幅面，平面布置图可采用A1、A0或更大幅面。

4.2.3.11 详细说明工程投资概算的编制办法、费率标准、实际工程量及定额依据等，也可以工程投资概算书的形式单独提交。

4.2.4　施工图设计应符合下列规定：

4.2.4.1　对治理工程涉及的各工程单元、分项措施进行施工图设计，并编制相应的施工图设计说明书。

4.2.4.2　详细说明设计的基本思路、施工条件、施工方法、施工顺序、进度计划、施工管理、后期抚育管护、施工监理与监测、工程质量和验收要求等。

4.2.4.3　提交相应的施工设计图册，一般为 A3 幅面，平面布置图可采用 A1、A0 或更大幅面。

4.2.4.4　详细说明工程投资预算的编制办法、费率标准、实际工程量及定额依据等，应以工程投资预算书的形式单独提交。

5　设计依据

5.1　一般规定

5.1.1　生物治理工程设计应建立在广泛、深入的地质环境调查、地质灾害勘查和生物治理工程专项调查基础上。

5.1.2　生物治理工程的地质环境调查、地质灾害勘查应符合各类地质灾害调查与防治工程勘查规范的有关规定。

5.1.3　生物治理工程设计依据应包括防治工程立项任务书、勘查报告或调查报告、防治工程可行性研究报告等。

5.1.4　生物治理工程设计的基础资料应满足各设计阶段的基本要求。

5.1.5　生物治理工程设计的基础资料包括地质环境条件调查、地质灾害及防治工程勘查和生物治理工程专项调查 3 个部分。

5.1.6　生物治理工程专项调查可与地质灾害勘查同步进行，也可单独开展。

5.1.7　生物治理工程调查内容与方法参见附录 A。

5.2　生物治理工程专项调查

5.2.1　立地条件

a)　气候类型、降水量、蒸发量、无霜期、冻结深度、气温、积温、地温、风向、风速、日照时间等气象因子调查。

b)　干旱、暴雨、风暴潮、洪涝、病虫害、森林火灾、大风、沙尘暴等自然灾害调查。

c)　土壤质地、土壤类型、土壤厚度、土壤硬度、渗透能力、pH 值等土壤条件调查。

d)　植被类型、覆盖率、乡土物种、优势物种、原始及残留植被、自然恢复植被等植被及生长条件调查。

e)　项目区已实施地质灾害生物治理工程项目的治理时间、措施类型、植被生长、实施效果及治理经验等调查。

5.2.2　社会经济

a)　项目区人口、经济、社会发展与人类活动等调查。

b)　项目区土地利用现状调查。

c) 项目区及周边交通干线、重要城镇、旅游景点、文物古迹等社会环境及景观、绿化规划与要求等调查。

5.2.3 水土流失

a) 项目区土壤侵蚀类型、侵蚀模数、侵蚀强度、侵蚀量、水土流失现状及危害等调查。

b) 项目区已实施水土流失治理植物措施的时间、措施类型、林草保留及存活情况、实施效果及治理经验等调查。

5.2.4 其他调查

a) 项目区及周边种植土、灌溉水、肥料及施用、病虫害防治等调查。

b) 项目区树苗、草种、草皮、人工、水电及生物工程所需其他材料等的单价及定额，生物治理工程施工条件等调查。

6 植物生长基础设计

6.1 一般规定

6.1.1 生物治理工程分项设计和专项设计前，应开展植物生长基础设计。

6.1.2 植物生长基础设计包括植物物种选择、植物群落选择、整地工程、人造植生基质设计等。

6.1.3 植物生长基础应依据立地条件、地质灾害现状、治理目标及植物生长特点，因地制宜，综合选择。

6.2 植物物种选择

6.2.1 植物物种应适配当地生物气候带的条件，选择多年生物种占优势的物种组合。

6.2.2 植物物种应优先选择乡土物种，优先选择更新能力强、根系发达的物种。对外来物种应严格控制，不得使用外来入侵物种。

6.2.3 植物物种应选择能耐受地形陡峻、地表面结构脆弱等恶劣条件，并与拟建的植被生长基础即基质层相适宜的物种。

6.2.4 植物物种应具有抑制地质灾害发生、减弱地质灾害活动、减轻地质灾害损失的作用，同时应具有在特定生长环境中能自行繁殖、更新且持续生存，有利于生态系统恢复、景观的美化及维持自然生态环境的功能。

6.2.5 植物物种应符合下列规定：

a) 适应当地的气候条件。

b) 适应当地的土壤条件（水分、pH值、土壤性质等）。

c) 抗逆性强（包括抗旱、热、寒、贫瘠、病虫害等）。

d) 根系发达，生长迅速，能在短期内覆盖表层。

e) 两年生或多年生。特殊情况下，物种组合中可有少量一年生植物种。

f) 适应粗放管理，主要物种能够自我繁殖、更新。

g) 种子易得，且成本合理。

h) 草本植被的种子质量不应低于《禾本科草种子质量分级》(GB 6142—2008)中规定的二级质量标准，木本植物种子质量不应低于《林木种子质量分级》(GB 7908—1999)中规定的二级质量标准。

i） 经当地动（植）物保护及检疫部门检疫合格。

6.2.6 植物物种应注重草本和木本植物的有机结合，可采用多物种种子进行混播，以形成稳定的植物群落。

6.2.7 混播植物物种应符合下列规定：

a） 植物物种能满足6.2.2—6.2.5的要求。

b） 应包括禾本科、豆科的植物物种。

c） 优先选择有利于植被恢复的先锋植物和肥料植物。

d） 物种的生物学、生态学类型应能互相搭配。

e） 采用浅根与深根搭配、根茎型与丛生型搭配，以及乔、灌、草搭配。

6.2.8 生物治理工程常用树种和草种参见附录B。

6.3 植物群落选择

6.3.1 植物物种组合和目标植物群落应根据地质灾害体浅表层的生态环境特点、立地条件和植物的生态特性、演替规律，结合区域的社会需求功能的要求等综合确定。

6.3.2 应根据地质灾害体浅表层的地形特点，在不同部位建立不同的植物群落，形成立体的、多元的植被景观，以利于地质灾害体稳定和环境美观。

6.3.3 植物群落的构成应依据植物的形态、生物学和生态学等特性、特征进行设计。

6.3.4 植物群落结构配置、目标植被类型应参考或模拟当地顶级植物群落类型或稳定植物群落类型。

6.3.5 在设计中应明确规定植物群落的实现目标，作为竣工验收的检查标准。

6.3.6 植物气候带分布与特征、植物群落类型及适用场所参见附录C。

6.4 整地工程设计

6.4.1 在面积较大的大型滑坡、崩塌体表面和泥石流流域开展生物治理工程，应根据物种类型、种植方式、土壤类型、立地条件等，选择适宜的整地方式和整地规格，开展迹地整理后才能实施生物治理工程。

6.4.2 对于面积较小的地质灾害体表面和分散零星、较破碎的坡面，经过简单的坡面整理和修整后，可实施生物治理工程。

6.4.3 对于较陡的松散堆积层边坡（大于休止坡度）和基岩山坡，应在采用护坡工程措施后，再实施生物治理工程。

6.4.4 在开展整地工程前，应尽可能对原地表的表土进行剥离，剥离的表土应集中妥善堆存，待整地结束后回覆利用；当剥离的表土不能满足种植需求时，应采用客土。表土剥离和覆土可参照水土保持有关规定执行。

6.4.5 常用整地工程方式及要求如下：

6.4.5.1 水平阶适用于15°～25°的斜坡，阶面宽1.0 m～1.5 m，设3°～5°反坡。上下两阶间的水平距离，以设计的造林行距为准。要求在设计暴雨条件下，阶面斜坡径流能被阶面全部或大部分容纳入渗，以此确定阶面宽度、反坡坡度或是否设地边埂。苗木植于距阶边0.3 m～0.5 m处。

6.4.5.2 水平沟适用于15°～25°斜坡，沟口上宽0.6 m～1.0 m，沟底宽0.3 m～0.5 m，沟深0.4 m～0.6 m，沟由半挖半填做成，内侧挖出生土用在外侧作埂。苗木植于沟底外侧。根据造林行距设计暴雨径流量，确定上、下两条水平沟的间距。

6.4.5.3　水平犁沟适用于地块较大的5°～10°的缓坡。沿等高线上下结合翻土，做成水平犁沟，深0.2 m ～0.4 m，上宽0.3 m ～0.6 m，根据造林行距，确定犁沟间距。

6.4.5.4　带状整地适用于25°以上较陡的斜坡，一般沿等高线进行施工。修成后每5 m～10 m修一隔水挡，高0.2 m左右，防止径流纵向集中。

6.4.5.5　鱼鳞坑适用于地面破碎，土层较薄，无法采用带状条状整地工程的25°以上的较陡斜坡。鱼鳞坑平面呈半圆形，长径0.8 m ～1.5 m，短径0.5 m ～0.8 m，坑深0.3 m ～0.5 m，坑内取土在下沿做成上凸形弧状土埂，高0.2 m ～0.3 m，各坑顺坡面沿等高线布设，行间呈“品”字形排列。根据造林的行距和株距，确定坑的行距和穴距。树苗植于坑内距下沿0.2 m ～0.3 m处。坑的两侧，开挖宽、深各约0.2 m ～0.3 m的梯形截水沟。

6.4.5.6　整地时间。秋冬种草造林，最迟应在当年春季整地；雨季和春季造林，最迟应在前一年秋季整地。

6.4.5.7　整地工程防洪标准按10 a～20 a一遇3 h～6 h最大雨量设计。

6.4.5.8　整地后的坡面应修建截、排水沟，上下连接构成排水系统，将坡面径流排泄至沟谷或坡面以下。

6.5　人造植生基质设计

6.5.1　当生物治理工程缺乏土壤基质或坡度过陡时，应通过人工方式建立植物赖以生长的物质基础。

6.5.2　在确定植物群落和植物种类的基础上，应结合治理区的立地条件和工程治理方案，制定确保植物正常生长的人造植生基质的厚度、类型等。

6.5.3　人造植生基质应保证植物根系的正常生长，养分、水分能够自如吸收。

6.5.4　人造植生基质应符合下列规定：

6.5.4.1　物理条件

a)　具有透水性，且与下伏岩土层的边界部分不发生水的滞留。

b)　适当的硬度，较强的坡面附着力。

c)　适度的保水性。

d)　具有与植物种类和大小相适应的厚度。

e)　具有稳定的基础，不移动、不流失。

6.5.4.2　化学条件

a)　无对根系生长有害的物质。

b)　适宜的土壤酸碱度(pH值)。

c)　一定的养分。

6.5.5　不同植物种类有效土壤层厚度见表1。

表1　有效土层的厚度(单位:cm)

植物类型		乔木		灌木	草本	地被类
株高		700～1 200	300～700	＜300		
有效层	上层	60	60	40	20～40	10
	下层	40	20	20		

6.5.6　人造植生基质时，应对土壤改良材料、基质厚度、客土改良、适用肥料及施肥层等提出具体的要求。

6.5.7　植物生长基础设计中应制定植物的浇灌方案及坡面的排水方案。

6.5.8　在较陡、较破碎的松散堆积层山坡或岩质边坡面上建立人造植生基质时，应因地制宜采用固土网垫、土工格室、浆砌片石和混凝土骨架、植物纤维、挡土墙等支护结构方式，确保上部基质层的安全稳定和植物生长。

7　分项治理工程设计

7.1　一般规定

7.1.1　对不同类型地质灾害及不同发生部位应采取具有不同治理功能的分项生物治理工程措施，分项治理工程包括生物护坡工程、生物排水工程、生物固床工程、生物拦挡工程、生物护岸工程及生物排导工程6类。

7.1.2　分项治理工程应根据地质灾害的发生部位、灾害特征、植物立地条件及功能需求等因地制宜进行选择。

7.1.3　分项治理工程应与地质灾害防治工程有机结合、功能互补，以发挥综合优势。

7.2　生物护坡工程

7.2.1　造林护坡工程

7.2.1.1　对坡度适宜、有一定土层、立地条件较好的坡面，可采取造林护坡。

7.2.1.2　造林护坡应符合《造林技术规程》(GB/T 15776—2016)的规定。

7.2.1.3　造林前应对迹地进行整治，对坡面进行整修。

7.2.1.4　树种选择应以适地适树、乡土树种、耐瘠速生、根深叶茂为原则。

7.2.1.5　在坡度、坡向和土质较复杂的坡面，宜将造林护坡与种草护坡结合，实行乔、灌、草相结合或藤本植物护坡。

7.2.1.6　因地制宜，采用针、阔叶混交，乔、灌混交，深根、浅根混交，阴性、阳性混交等混交类型。混交方式可采用株间混交、行间混交、带状混交、块状(不规则)混交等。

7.2.1.7　采取植苗造林时，苗木宜带土栽植，并适当密植。

7.2.1.8　应根据当地气候特点和造林经验确定最佳造林期。造林期应符合下列规定：

a)　春季造林应在苗木萌动前的7 d～10 d，北方在土壤解冻达到栽植深度时抢墒造林。

b)　夏季造林应在雨季开始后的前期。

c)　秋季造林应在树木停止生长后至土地封冻前，冻害严重的山区不宜秋季造林。

d)　大粒种子、带硬壳种子和休眠期较长的种子宜在秋冬直播造林。插条造林随采穗随造林。

e)　干旱、半干旱或其他土壤水分不足地区，在秋季雨后土壤水分较充足时插条造林。

7.2.1.9　造林后3 a内，应采取封禁和抚育措施。

7.2.1.10　常用主要造林的乔木和灌木树种参见附录B表B.1，造林密度参见附录D表D.1。

7.2.2　种草护坡工程

7.2.2.1　对坡比小于1∶1.5、土层较薄的沙质或土质坡面，可采取种草护坡。

7.2.2.2 种草护坡前应对坡面进行迹地整理和坡面修整。

7.2.2.3 草种选择以适地适草、乡土草种、耐瘠速生、根深叶茂为原则，宜选用生长快的低矮匍匐型草种。

7.2.2.4 不同酸碱度土壤的草种选择应符合下列规定：

a) pH<6.5 的酸性土壤，选种耐酸草类。

b) pH>7.5 的碱性土壤，选种耐碱草类。

c) pH 在 6.5～7.5 之间的中性土壤，选种中性草类。

7.2.2.5 在山坡阴坡和林地阴蔽地面，选种耐阴草类；在气候较为干热的裸地，选种匍匐型的草类；在干旱的风沙地，选种耐沙草类。

7.2.2.6 根据坡面的坡度、完整程度和植被覆盖度，因地制宜选择直播、条播、穴播、撒播和补播等种草方式。

7.2.2.7 种草可采取单播，也可采取混播。混播宜采取禾本科牧草与豆科牧草混播，根茎型草类与疏丛型草类混播。

7.2.2.8 根据当地气候特点和实践经验确定最佳播种期。

7.2.2.9 种草后 2 a 内，应采取封禁和抚育措施。

7.2.2.10 常用主要草种参见附录 B 表 B.2 和表 B.3，草种播种量参见附录 D 表 D.2。

7.2.3 坡面林草封育工程

7.2.3.1 坡面有残林、疏林(含灌木)或地质灾害、人为破坏的林地和草地，地面有草类残留根茬与种子或其他繁殖体，且水热条件能满足植被自然恢复需要的稀疏林草地，应实施林草封育工程。

7.2.3.2 林草封育后郁闭度达 0.7(密林草)以上，地表有大量的地被物覆盖时，可解除封禁。达不到以上要求，应进行人工补植或补播。

7.2.3.3 因地制宜选择林草封育方式，并辅以人工看管。林草封育方式主要有电围栏、刺围栏、植物围栏等。

7.2.3.4 林草封禁期应符合下列规定：

a) 原有林草地破坏严重、残留植被很少、恢复比较困难的地区，实行全年封禁。封禁期一般为 3 a～5 a。

b) 当地水热条件较好、原有植被破坏较轻、植被恢复较快的地区，实行季节封禁。一般春、夏、秋生长季节封禁。

c) 封禁面积较大、保存林木较多、植被恢复较快的地区，可实行轮封轮放。一般每封禁 3 a～5 a 后可开放 1 a。

7.2.4 生物护坡措施

7.2.4.1 对于泥石流形成区的山坡和自然、人工的填挖方边坡，可因地制宜采取坡面枝木捆、陡坡树枝挂网、坡面铺草挂网、草帘直铺、工程框格护坡绿化、生物网格工程和坡面压条等生物护坡措施进行治理。

7.2.4.2 对于人工填挖方边坡和采取防治工程的崩塌、滑坡边坡，可因地制宜采取铺草皮法、植生带法、三维植被网法、香根草篱法、挖沟植草法、土工格室植草法、浆砌片石骨架植草法、藤蔓植物法、喷混植生法、客土吹附法、种子喷播法、栽植木本植物法、厚层基质法、蜂巢格室平铺植生法、蜂巢格室叠砌植生法、高分子团粒喷播法、类壤土基质喷播法和高性能植物垫等生物措施与方法进行治理。

各类护坡措施的技术要点参见附录 E 表 E.1,适用条件参见附录 E 表 E.2。

7.2.4.3 各类生物护坡措施的设计要点如下：

a) 铺贴草皮成坪法或撒播草籽适用于低缓土质坡面或整地后形成土质面层的草本植物的建植。

b) 液力喷播成坪法适用于大面积土质坡面或全风化岩体表面的植被建植。

c) 当斜坡坡度较陡、人造植生基质难以自稳时，应采用挂网喷播的方法进行植被建植。网材可选用挂土工网、铁丝网等。

d) 对于较高陡的岩质边坡或需要建立较厚的人造植生基质时，可采用喷播厚层基质的方法进行植被的建植。

e) 对于坡比小于 1∶0.5 的各类斜坡，可在坡面之上采用蜂巢格室平铺和叠砌的方式进行植被的建植，格室内可填充种植土和灌草种子、苗木。蜂巢格室边坡治理工程设计参见附录 F。

f) 对于坡比大于 1∶0.3、坡高小于 120 m 的高陡基岩斜坡，可采取喷播高分子团粒的方法进行植被的建植。高分子团粒喷播法高陡边坡治理设计参见附录 G。

g) 对于坡比大于 1∶0.3、坡高小于 120 m 的高陡基岩斜坡，也可采取喷播类壤土基质的方法进行植被的建植。类壤土基质喷播法高陡边坡治理工程设计参见附录 H。

h) 对于坡比小于 1∶1 或大于 1∶0.3、坡高小于 100 m 的各类土质和岩质斜坡，可采取高性能植物垫的方法进行植被的建植。高性能植物垫边坡治理工程设计参见附录 I。

i) 对能通过地形修补形成适合植物生长基础的缓坡，应选用不具支护结构的植被建植工艺。

j) 对植物生长条件恶劣和由人工开挖形成的高陡岩质边坡及破碎的岩土边坡，应考虑采用不同支护结构固土的植被建植工艺。主要支护方式参见 6.5.8。

7.3 生物排水工程

7.3.1 在拟实施生物治理工程和已采取地质灾害防治工程的滑坡及崩塌边坡，可因地制宜采取植物截、排水沟。

7.3.2 植物截、排水沟应与坡面排水工程相互连接，形成完整的坡面排水系统。

7.3.3 植物截、排水沟的断面形状以梯形、半圆形为佳，断面尺寸参照坡面截、排水沟的相关设计标准及规范执行。

7.3.4 在已开挖形成的土质截、排水沟或自然形成的小冲沟内，可采用成品的植生毯铺设成植生毯排水沟。在铺设的植生毯上，分别在排水沟底部和侧壁按 20 cm～30 cm 的间隔打入活的木丁或小木桩，固定植生毯并使之与沟床面充分贴附。施工后，撒浇一次透水。

7.3.5 在已开挖形成的土质截、排水沟或自然形成的小冲沟内，可选择适生的根茎型、匍匐型草种，采用种子直播或营养体移植(草皮移植)的方法，建植草皮水道。施工后，撒浇一次透水。

7.3.6 在已开挖形成的土质截、排水沟或自然形成的小冲沟内，可先在沟底及侧壁铺设一层土工布，压实后，再在土工布上打孔播入适生草种或植入草本幼苗。施工后，应撒浇一次透水。

7.4 生物固床工程

7.4.1 在规模较小的泥石流沟及其支、毛沟和侵蚀强烈的边坡冲沟内，可采取生物固床工程措施，稳定沟床的松散堆积物，防止沟床下切和沟床物质流失。

7.4.2 生物固床工程一般沿沟道从上而下逐级成群梯级布设或成片布设，以发挥整体的固床效益。

7.4.3 在泥石流沟及支、毛沟和边坡冲沟可采取编柳土谷坊、插柳土谷坊、植生土袋谷坊、木谷坊、竹谷坊等生物谷坊，通过拦挡固体物质稳固沟床。

7.4.4 在泥石流支、毛沟沟床和边坡冲沟中也可进行栅状造林、片状造林和全面造林等来稳固沟床。

7.5 生物拦挡工程

7.5.1 在规模较小的泥石流沟及其支、毛沟和冲刷强烈的边坡冲沟内，可采取生物拦挡工程，通过拦挡松散固体物质，减少固体物质流失和下泄。

7.5.2 生物拦挡工程一般沿沟道从上而下逐级成群梯级布设，以发挥整体拦挡效益。

7.5.3 在泥石流支、毛沟沟床和边坡冲沟中可采用生物谷坊，拦蓄沟道松散固体物质，减少固体物质流失和下泄。

7.5.4 在小型稀性泥石流沟道或岸坡有滚石或落石时，可采用木栅栏对块石进行拦截。

7.5.5 对泥石流支、毛沟和边坡冲沟沟岸及小型崩塌、泻溜，可采用树枝围栏的方法，拦挡松散固体物质。

7.6 生物护岸工程

7.6.1 对中小型规模的泥石流下游沟道、滩地岸坡及水库库岸坍塌，可采取生物护岸工程，稳定岸坡的坍塌体，防止岸坡失稳，减少固体物质流失。

7.6.2 生物护岸工程一般布设在失稳沟道岸坡和塌岸的内侧，单侧或两侧布设，呈线状或带状。

7.6.3 生物护岸工程布设应以不影响泥石流流通和洪水的行洪为原则。

7.6.4 护岸临水一侧的活木桩应打入沟床和岸坡的冲刷深度以下一定深度。

7.6.5 在宽而长的泥石流滩地岸坡可营造“雁翅”形护岸林。

7.6.6 在泥石流沟槽岸坡和崩塌岸坡可栽植活木桩及护岸林。

7.6.7 在泥石流沟槽岸坡和崩塌岸坡基本稳定时，可修建木护岸(坡)。

7.7 生物排导工程

7.7.1 对中小型规模的泥石流下游沟道、滩地，可采取生物排导工程，将泥石流和洪水排泄到指定的区域。

7.7.2 生物排导工程可布设在沟道的一侧形成单侧导流堤，也可布设在沟道两侧形成排导槽。

7.7.3 生物排导工程应满足通过设计标准的泥石流过流的要求。

7.7.4 导流堤和排导槽侧堤的活木桩应打入沟床和岸坡的冲刷深度以下一定深度。

7.7.5 生物排导工程主要有圆木排导槽和“雁翅”形造林护岸排导 2 个措施类型。

8 专项治理工程设计

8.1 泥石流生物治理工程

8.1.1 一般规定

8.1.1.1 泥石流生物治理应以流域为单元，坚持生物治理与工程治理相结合，实行综合治理。

8.1.1.2 泥石流生物治理应做到点、线、面结合，沟、坡兼治。

8.1.1.3 泥石流生物治理应实行分区治理。泥石流流域从源头至沟口可划分为水源补给区、形成区、流通区和堆积区4个功能区(坡面型泥石流除外)。

8.1.1.4　生物治理工程适宜于规模较小、活动不频繁的中、小型沟谷泥石流和其支、毛沟,或活动处于相对平静期的泥石流治理。

8.1.1.5　对于活动频繁的大、中型规模泥石流的形成区、流通区、堆积区,不宜直接或单独采用生物治理工程。

8.1.1.6　除泥石流水源补给区外,其他区段的生物治理工程宜作为泥石流防治工程的辅助措施。

8.1.2　水源补给区

8.1.2.1　水源补给区一般只采用生物治理工程措施。

8.1.2.2　水源补给区生物治理工程措施及设计要点如下:

a) 对水源补给区内的残林、疏林和林草退化的坡面,应实施封禁和抚育,涵养水源,保护水源区生态。林草封育设计参见7.2.3。

b) 对水源补给区宜林的坡面和沟床,应补植、种植水源涵养林、坡面防护林等,保护水源区生态。造林工程设计参见7.2.1。

c) 对水源补给区的荒草坡和林下坡地,应撒播草籽,进行种草,增加植被覆盖度。种草工程设计参见7.2.2。

8.1.3　泥石流形成区

8.1.3.1　泥石流形成区应对坡面和沟床分别采取生物治理工程措施。

8.1.3.2　坡面生物治理工程措施及设计要点如下:

a) 对坡面的小型滑坡、崩塌、不稳定边坡和岸坡可采用坡面枝木捆。将萌蘖性强的杨树、柳树、桑树和紫藤等幼树、枝条、藤本植物或灌木绑扎成捆,埋入地表以下的土中,上覆营养土2 cm～5 cm,并打入活木桩固定。坡面枝木捆设计图参见附录J图J.1。

b) 将萌蘖性强的树枝或灌木分散铺在陡坡面上,上覆营养土1 cm～2 cm,钉桩并栓上铁丝或铁丝网加以固定。对于紧实坚硬的坡面,应在铺枝挂网前进行打孔松土,以利植物根系插入,打孔密度应与枝条的节间密度一致。陡坡树枝挂网设计图参见附录J图J.2。

c) 将农作物秸秆或就地割来的荒草均匀铺于坡面上,厚度1 cm左右,边铺边钉桩、挂网。如果坡面紧实坚硬,应在铺草挂网前打孔松土,并将营养土、草本或灌木种子一并播入孔内,再铺草挂网。对于土壤比较疏松的坡面,可直接撒播或穴播种子于土壤中,然后铺草挂网。坡面铺草挂网设计图参见附录J图J.3。

d) 将废旧的草帘或草袋直接铺于坡面,用活木桩固定。根据草、灌的种植密度,在草帘或草袋上直接打孔至适宜土壤深度,再将营养土拌过的种子插种于孔穴内,穴内覆土2 cm左右,并洒水。

e) 在已采取工程护坡的混凝土、条石、浆砌块石等的框格内,可种草、植草、栽植灌木进行绿化。框格护坡绿化设计图参见附录J图J.4。

f) 在土层较深厚的缓坡上,可直接将草类或灌木种植成一定规格的网格,形成坡面生物防护工程。生物网格工程设计图参见附录J图J.5。

g) 在自然不稳定边坡、人工填方或弃土边坡,可选择萌蘖性强的树木枝条、灌木或适生草本植物,实行边填方、边压条,进行护坡。草类植物可在斜坡稳定后种植或移植。压条法设计图参见附录J图J.6。

8.1.3.3 沟床生物治理工程措施及设计要点如下：

a) 选取萌蘖性强的活立木，如柳、杨、槐等，直接打入沟床，然后编篱或待枝条萌发后再进行扦插造林，加固加密而成生物谷坊。生物谷坊应布设在泥石流流域的支、毛沟和山坡冲沟内，选择适宜筑坝的“口小肚大”、沟岸较为稳定的位置修筑。谷坊分布密度一般根据拦淤和防冲刷计算确定。各类生物谷坊设计要点如下：

1) 在拟修谷坊位置，打入两排孔位交错、排距 1 m～2 m 的柳木桩，桩间距 0.5 m 左右，桩径 5 cm～10 cm，桩长 1.5 m～2.0 m。桩间用柳条编篱至所需高度，再于两篱之间填土并逐层压实。在夯土过程中可采用压条的方法，将柳条分层方向朝背水面压植于谷坊中。在谷坊迎水面培土高、厚各 0.5 m。编柳土谷坊设计图参见附录 K 图 K.1。

2) 在泥石流支、毛沟内，可采用较简单的插柳土谷坊。按 0.5 m 左右的株(桩)距，打入高 1.5 m～2.0 m 的柳桩，再填土并分层夯实；在背水面插入长 0.6 m～1.0 m、粗 2 cm～3 cm 的 2 a～3 a 生柳枝。也可在谷坊修成后，于谷坊前后进行高杆或矮杆插柳，株距 0.5 m。插柳土谷坊设计图参见附录 K 图 K.2。

3) 用铺有植生带的土袋从沟底逐层叠起形成谷坊。每层平铺但互相压边靠实，每层在背水面成台阶状。叠至要求高度后，做一个“凹”形或中间低的弧形溢流口；为防止流水淘刷谷坊基底，可再平铺一层植土袋做成槽形护坦或消力坎。植生土袋谷坊设计图参见附录 K 图 K.3。

4) 用圆木组合构成木谷坊。有效谷坊高度 1.0 m～2.0 m，基础埋深 1.0 m，溢流口深 0.5 m～0.8 m，溢流口形状采用梯形或矩形。坝长由沟床断面而定，坝体或坝肩的圆木应嵌入沟岸(底)0.5 m 以上。木谷坊的结构由横木、纵木和活立木桩组合构成。底部先放一层纵木，纵木长 1.0 m～1.5 m，间距 0.5 m～1.0 m，纵木稍向上游倾斜，逐层上叠，腹内填砂砾石土，并尽可能压实，然后放上横木 1 根～2 根，再接纵木，依次向上安装。近溢流口两侧各安 2 根活立木，直埋到谷坊基础中。木谷坊设计图参见附录 K 图 K.4。

5) 在南方温暖湿润地区土层较厚的支沟部位，可选用合轴丛生型根系的竹丛建植竹谷坊。挖取高 1.5 m 以上的 4 束竹丛，分别在迎水面、背水面各栽植 2 束竹丛，前后丛距 0.5 m～0.6 m；左右丛距依沟床宽度而定，一般不大于 1.0 m，若沟道较宽则应增加竹丛数量。基础挖深 0.3 m～0.5 m。竹丛定植后，在竹谷坊迎水面、背水面内侧编排树枝、柳条，用土石逐层回填，洒水夯实。在竹丛定植后，应浇灌 1 次透水。在修建完成的竹谷坊坝体上，可种植或移栽草、灌。竹谷坊设计图参见附录 K 图 K.5。

b) 在泥石流支、毛沟中游沟床可进行栅状造林。沿垂直于水流方向，每隔 10 m～20 m，栽植 3 排～10 排树木为一栅，行距 1.0 m～1.5 m。每排采用长 1.0 m～2.0 m、直径 5 cm～10 cm 的树桩打桩密植，株距 0.5 m 左右，插入土深 0.6 m～1.2 m。应保护树桩外皮，并使芽眼向上，如沟底土壤坚硬，应挖沟或挖穴栽植，同时在树桩基部编 20 cm～30 cm 高的篱笆。栅状造林设计图参见附录 K 图 K.6。

c) 在径流不大的泥石流滩地或支、毛沟中游可进行片状造林。每隔 30 m～50 m，营造 20 m～30 m 宽的乔灌带状混交林或灌木林，乔灌带状混交的灌木应配置在迎水面，一般 5 行～10 行，乔木带间亦可栽植灌木。乔木株行距 1 m×1.5 m 或 1 m×2.0 m，灌木 0.5 m×1.5 m 或 1 m×1 m。片状造林设计图参见附录 K 图 K.7。

d) 在泥石流支、毛沟上游，冲刷强烈、沟床变动幅度大时，可在沟底进行全面造林。一般以插条为主，先用铁制插杆器按 1 m×1 m 或 1 m×2 m 的株行距在造林地上穿孔，然后将长 50 cm～80 cm、直径 2 cm～3 cm 的 2 a～3 a 生的杨树或柳树枝条插入，要求深埋少露，一般露出地面 3 cm～6 cm 即可，并将其封严踩实。如土壤紧实，难以插孔时，可以埋条。每隔1 m～1.5 m，挖 1 个长方形或圆形坑穴，深 40 cm～50 cm，取 1 根～2 根枝条斜埋入土内，然后填土踩实，上覆土 2 cm～5 cm。

8.1.4 泥石流流通区

8.1.4.1 泥石流流通区应分别对沟道、岸坡及滩地采取相应的生物治理措施。

8.1.4.2 沟道拦挡措施及设计要点如下：

a) 可因地制宜在泥石流沟道选择编柳土谷坊、插柳土谷坊、植生袋谷坊、木谷坊、竹谷坊等生物谷坊，拦挡泥石流及其固体物质。

b) 对于沟道岸坡的小型崩塌和泻溜可采用树枝围栏，稳定边坡，减少泥石流的固体物质补给。在垮塌体下方打入活木桩，在活木桩上再钉上横向的木条、树枝或缠绕上树枝。桩间距 0.5 m左右，桩径 5 cm～10 cm，长 1.5 m～2.0 m，根据垮塌的严重程度布置 1 排或 2 排。树枝围栏设计图参见附录 L 图 L.1。

c) 木栅栏由活木桩和圆木组合而成，用于拦挡小型沟道稀性泥石流中的石块，或拦挡沟岸陡坡上的滚石或落石，木栅栏结构设计图参见附录 L 图 L.2。两类木栅栏的设计要点如下：

  1) 拦挡陡坡上的滚石或落石的木栅栏由活立木、纵木、横木和支架构成。活立木桩直径 5 cm～10 cm，埋深 0.5 m，长度依实际需要而定，要求其高度应高于木栅栏高度。活木桩可与纵木交替相间，也可完全替代纵木。横木稍向斜坡内倾斜，横木间距一般为 2 m～4 m，纵木等放在横木上，纵木间距根据需拦截的石块最小短径而定。支架用于支撑横木用，支架木可用 1 根或 2 根，基础埋深在 0.5 m 以上。对陡斜坡采用斜置型，当斜坡比较平缓时，横木可改成立木型，横木用镀锌铁丝绑扎在立木上。

  2) 拦挡洪水和稀性泥石流中石块的木栅栏呈水平状，纵木顺流向安放在横木上，横木下部用圆木支架固定。在纵木与横木交叉点位置打入活立木。横木两端一般伸入沟岸 0.5 m 左右，横木间距为 2 m～3 m；纵木间距视需要拦截的石块大小而定。

8.1.4.3 在宽而长的泥石流滩地中，可营造护岸防冲林。将林带布置成与水流方向成 30°～45°并向上斜挑，形成“雁翅”形造林。其做法是筑梗插柳，挖沟卧柳。“雁翅”形造林设计图参见附录 L 图 L.3。

8.1.4.4 沟道护岸工程措施及设计要点如下：

a) 将易于生根发芽的活的粗树枝或树干做成木桩，打入泥石流沟槽岸坡下的土中，用以加固岸坡和堤坝，桩间距 1 m ～1.5 m。活木桩护岸设计图参见附录 L 图 L.4。

b) 在岸坡下沿沟道可栽植护岸林，林木株间距 1 m～1.5 m，树种须耐水湿，如旱柳、水杉等。

c) 在泥石流沟岸和岸坡可采用圆木组合叠置的木护岸(坡)。护岸下部放一层横木铺底，横木的长度视不稳定体的宽度而定，一般略长于不稳定体的宽度，间距一般为 1.5 m～4.0 m。纵木微向斜坡内倾斜，纵横木架成栅栏结构，内填土石并压实，两层间的横木一般不错开，两层纵木间的缝隙用扁长状石块塞紧。为加固斜坡，在两层纵木间可栽植灌木。木护岸的高度、长度根据不稳定体的长度而定。为不破坏原有坡岸稳定性，横木用木桩形式打入岸坡内，对平缓岸坡，可改横木为活立木，垂直打入岸坡内。木护岸(坡)结构设计图参见附录 L 图 L.5。

8.1.5 泥石流堆积区

8.1.5.1 泥石流堆积区应分别对沟槽、岸坡及扇形地采取相应的生物治理措施。

8.1.5.2 泥石流排导工程措施及设计要点如下：

a) 在泥石流堆积区的沟槽可采取圆木排导槽排泄泥石流。圆木排导槽由横木(垂直沟岸，向岸坡内延伸)，纵木(平行流向)和活立木(垂直沟床)3部分构成。沟床底按一定间距加“木肋板”，“木肋板”前缘上下端分别为1根活立木，横放圆木2层～3层，高出床底面部分一般不超过0.4 m，圆木间用小墩垫紧。当沟道岸坡比较陡时，护岸部分以横木形式，垂直岸坡，打入岸坡内；当岸坡比较平缓时，横木可改成活立木，直立地打入沟岸内，为保护岸坡，在2根纵木之间的空隙部分应栽植灌木。圆木排导槽结构设计图参见附录M图M.1。

b) 在堆积区较宽浅的泥石流沟槽两侧可种植“雁翅”形防护林，形成排导槽。“雁翅”形造林设计参见8.1.4.3。

8.1.5.3 堆积区沟槽岸坡以下可栽植活木桩及护岸林，进行护岸。活木桩及护岸林设计见8.1.4.4。

8.1.5.4 扇形地生物治理工程措施及设计要点如下：

a) 泥石流堆积区的扇形地可按6.4.5中的整地方式进行整地。整地后，可种植林木和草种成为林草地，也可改造成农田和果园。

b) 在城市及风景区的泥石流扇形地，可适当种植观赏苗木、花木、风景树及果木，具体设计参照园林设计类相关规范执行。

c) 扇形地造林、种草参见7.2.1、7.2.2。

8.2 滑坡生物治理工程

8.2.1 一般规定

8.2.1.1 滑坡防治应坚持工程治理与生物治理相结合，实施综合治理。

8.2.1.2 滑坡生物治理工程应以构建稳定植被群落，改善坡体表面径流条件，利用植物根系等进行浅表层防护为设计原则。

8.2.1.3 滑坡生物治理工程应根据滑坡类型和区段综合布设。

8.2.1.4 对大型及特大型规模、坡面面积大、坡面条件复杂的滑坡，生物治理工程应进行分区、分段设计。

8.2.1.5 对已经或即将采取工程防治的滑坡，应根据滑坡的破坏机理、部位、破坏特征和工程治理措施的类型及治理后的效果，选择适宜的生物护坡及排水工程措施。

8.2.1.6 当滑坡表层植被覆盖层因坡体滑动或削坡减载等工程遭受破坏时，应对表层实施生物治理工程，尽快恢复表层植被。

8.2.1.7 对受不利结构面控制的滑坡和松散堆积层滑坡，采取生物治理工程时，应对植物根系和水对滑坡稳定的影响进行分析评价。

8.2.1.8 生物治理工程对滑坡坡体的保护作用不作为滑坡稳定性计算因素参与设计和计算，仅在浅表层保护及美化环境中加以考虑。

8.2.1.9 在选用生物治理工程新工艺、新材料、新技术时，应专题评估其结构安全性、植物可持续性、保护作用持久性等，经评估满足要求后方可使用。

8.2.1.10 在已实施工程治理的滑坡体表面实施生物治理工程时，应充分考虑生物措施对护坡，稳坡和截、排水等工程结构的影响，在确保治理工程安全前提下方可使用。

8.2.1.11　当滑坡位于对景观观赏性要求较高的市区、交通要道和景区等时，可在植物群落中加入约15 %的花草种子和景观树种，以提高观赏效果。

8.2.1.12　滑坡生物治理工程措施应符合7.2、7.3和8.1.3中的生物护坡工程措施及生物排水工程措施的相关规定。

8.2.2　不同滑坡区段的生物治理工程设计要点

8.2.2.1　滑坡体上段宜选用灌草型或草本型植被群落进行全坡面生物治理。

8.2.2.2　滑坡体中段宜选择阔叶型中低乔木和灌木植被群落。

8.2.2.3　滑坡中、上段不宜选择高大深根的乔木型物种群落。

8.2.2.4　滑坡体下段、坡脚反压区及牵引式滑坡的坡脚，可选择深根乔木型物种群落。

8.2.2.5　滑坡体剪出口外缘，可选择高大乔木进行排状布置，或高大灌木密植。

8.2.3　不同类型滑坡的生物治理工程设计要点

8.2.3.1　堆积层滑坡和削坡治理后的全强风化基岩滑坡坡面生物治理工程应符合下列规定：

a）当坡度小于30°时，可根据坡面条件选择撒播草籽、贴铺草皮、液力喷播、植生毯、植生带、蜂巢格室平铺等工艺进行植被建植。

b）当坡度大于30°，或岩质边坡坡度小于60°时，可采用客土喷播、喷混植生、蜂巢格室叠砌、浆砌片石及钢筋混凝土骨架等方法进行表层植被建植。

c）浅层堆积层滑坡（滑坡体厚度小于10 m），若乔木根系能充分穿过滑动面时，可在滑坡体上种植高大乔木，乔木宜成行种植，行与滑坡滑动方向基本垂直。

8.2.3.2　岩质滑坡应根据坡面、地层岩性、构造、风化程度、坡度等因素综合选定生物治理措施。坡面岩石呈整体结构并且坡度大于60°的滑坡或不稳定斜坡，可采取藤蔓植物、喷混植生、厚层基质喷播、高分子团粒喷播等方法进行表层植被建植。

8.2.3.3　受软弱夹层、地质构造控制或具有顺坡向软弱夹层的深层滑坡和不稳定斜坡，在潜在不稳定体及影响范围内可种草或铺设草皮，不宜选择直根系、深根系的乔灌木。

8.2.3.4　土质和岩质混合的滑坡和不稳定斜坡，应根据土质和岩质坡面具体位置和分布，结合工程措施、整体景观要求等分区进行生物治理。

8.2.4　不同治理工程类型滑坡的生物治理工程设计要点

8.2.4.1　采用格构加固或锚杆格构加固后的土质滑坡和不稳定斜坡，格构框格内宜选择撒播草籽、铺贴草皮、浅沟槽种植、客土喷播、喷混植生、植生袋等方法进行表层植被建植，同时应保证坡面整体排水通畅，不应形成渗水微地形。

8.2.4.2　采用锚杆格构梁或主动防护网的岩质滑坡和不稳定斜坡，坡面上可选择客土喷播、喷混植生、厚层基质等植被建植工艺；当坡度较陡时，可采用挡土翼等支撑结构措施，保证客土的附着。

8.2.4.3　采用嵌入式格构梁的土质边坡、全风化岩边坡，应符合8.2.3.1的规定。

8.2.4.4　采用抗滑桩治理的滑坡，抗滑桩两侧尤其是桩间土部分宜种植低矮、浅根型的乔木及灌木树种，不得种植高大深根乔木型物种群落。

8.2.4.5　采用砌石挡墙、混凝土挡墙等刚性支挡结构时，其顶缘宜密植排型灌木或低矮乔木，形成落石缓冲隔离带；墙体内不宜选择乔木及高大灌木植物物种；墙下可种植藤本攀爬植物。

8.2.4.6 坡面生物排水措施应妥善连接至滑坡体截、排水系统中，避免对其他治理工程产生不利影响。

8.2.4.7 采用深部抗剪、集水、排水等工程治理措施时，应根据治理措施的边界情况，以及措施对坡面保护的具体要求，选择适宜的生物治理措施工艺和植被群落。

8.2.4.8 治理后坡面局部凹陷以及不平整处，宜进行迹地整理或采取堆砌植生袋的形式填补修复坡面，再进行植被建植。

8.2.4.9 对滑坡生物治理工程进行喷灌设施设计时，应充分考虑水体对坡体稳定的影响，并在设计要求中明确具体的喷灌频次、喷灌水量等指标，必要时增设相应的截、排水工程。

8.2.4.10 黄土、冻土、膨胀土、盐渍土、软土等不良岩土地区滑坡生物治理措施的喷灌频次和喷灌水量，应进行专门论证和设计，以保证防治工程结构和基础的安全。

8.3 崩塌生物治理工程

8.3.1 一般规定

8.3.1.1 对已采取土木防治工程治理或已基本稳定的崩塌边坡及堆积体可采用生物治理工程进行防护。

8.3.1.2 崩塌生物治理工程应与工程治理相结合，进行综合治理，不宜单独开展。

8.3.1.3 崩塌生物治理措施以构建稳定植被群落，改善坡体表面径流条件，利用植物根系等进行浅表层防护为设计原则。

8.3.1.4 崩塌生物治理工程应根据崩塌类型和区段进行综合布设。

8.3.1.5 对已经或即将采取土木防治工程的崩塌，应根据崩塌的破坏机理、部位、破坏特征和类型，并结合工程治理的效果，选择适宜的生物护坡及排水工程措施。

8.3.1.6 当崩塌位于景观性要求较高的市区、交通要道和景区等，宜在植物群落中加入15 %左右的花草种子和景观树种，以提高观赏效果。

8.3.1.7 崩塌生物治理工程措施应符合7.2、7.3和8.1.3中的生物护坡工程措施及生物排水工程措施的相关规定。

8.3.2 不同崩塌区段的生物治理工程设计要点

8.3.2.1 崩塌区宜选用灌草型或草本型植被群落进行全坡面生物治理。

8.3.2.2 坠落区应选择高大深根乔木物种群落，密植和成排布置，形成落石缓冲隔离带。

8.3.2.3 堆积区可选乔灌草混交的物种群落及灌草物种群落。

8.3.2.4 对于崩裂面较高、坡度较陡的崩塌和危岩边坡，在崩塌区边缘、上部及外侧不宜选择乔灌木或直根系、深根系植物。

8.3.2.5 对有零星落石、碎落或规模较小的土质崩塌坡脚，可采取木格栅实施拦挡。

8.3.2.6 对沟岸、河岸及水库消落带的崩塌边坡，可在临水一侧的坡脚选择活木桩及护岸林，也可种植深根型喜水的乔灌木。

8.3.3 不同类型崩塌的生物治理工程设计要点

8.3.3.1 岩质崩塌边坡应根据坡面岩性、节理、裂隙、风化程度、坡度等因素综合选定生物治理措施。

8.3.3.2 岩石致密(岩石单轴饱和极限抗压强度大于30 MPa)且坡度大于75°的岩质崩塌，可采取藤蔓植物、喷混植生、厚层基质、高分子团粒喷薄等方法进行表层植被建植。

8.3.3.3 岩土混合型崩塌和削坡治理后的全、强风化岩崩塌坡面，生物治理设计应符合 8.2.3.1 的规定。

8.3.3.4 土质崩塌斜坡，应根据土质和坡面具体位置及分布，结合工程措施、整体景观要求等分区进行生物治理设计。

8.3.4 不同防治工程类型崩塌的生物治理工程设计要点

8.3.4.1 采用格构加固或锚杆格构加固后的土质崩塌边坡，可参照 8.2.4.1 进行生物治理设计。

8.3.4.2 采用锚杆格构梁或主动防护网的岩质崩塌边坡，可参照 8.2.4.2 进行生物治理设计。

8.3.4.3 土质、土石质混合型或全、强风化岩崩塌边坡采用嵌入式格构梁时，可参照 8.2.3.1 进行生物治理设计。

8.3.4.4 采用砌石挡墙、混凝土挡墙等刚性支挡结构治理崩塌时，可参照 8.2.4.5 进行生物治理设计。

8.3.4.5 坡面生物排水措施应妥善连接至坡体截、排水系统中，避免对坡面生物治理措施及防治工程产生不利影响。

8.3.4.6 进行崩塌生物治理工程喷灌设施设计，应充分考虑水体对坡体稳定的影响，并在设计中明确具体的喷灌频次、喷灌水量等指标。

8.4 地面塌陷生物治理工程

8.4.1 一般规定

8.4.1.1 地面塌陷生物治理可与防治工程配套进行，也可单独进行。

8.4.1.2 对已实施地质灾害工程治理，处于城镇、公园、旅游、自然保护区、地质公园、重要交通干线等地区，经长期监测已经稳定和基本稳定，以及不需要采取工程治理的废弃矿山或岩溶塌陷，可直接采取生物治理工程进行防护。

8.4.1.3 地面塌陷生物治理工程以构建稳定植被群落，改善塌陷区地表径流条件，利用植物根系等进行表层防护为设计原则。

8.4.1.4 生物治理工程应根据地面塌陷的成因类型、地貌类型、立地条件和治理工程措施等进行布设。

8.4.1.5 地面塌陷生物治理工程应与当地的陆地、水域生态系统相适应，重视生物群落生长形式、结构划分和物种多样性，注重乡土物种选用。

8.4.2 不同立地条件下的地面塌陷生物治理工程

8.4.2.1 对于塌陷较为严重、地表破坏强烈、通过整地后难以自然恢复的塌陷区，在塌陷区采取工程治理和整地后，在短期内可采取种草、灌草结合等生物措施，修复损毁的地表环境，恢复塌陷区生态环境。

8.4.2.2 年降水量小于 400 mm 的干旱、半干旱地区或海拔大于 2 000 m 的高寒地区的地面塌陷，可采取分级、推平、压实、换填、覆土等整地措施，以自然恢复和林草封禁措施为主，辅以适当的草种、灌草措施，恢复塌陷区生态环境。

8.4.3 山地型、丘陵型地面塌陷生物治理工程

8.4.3.1 对未受污染的挖损、压占破坏的矿山地面塌陷可采取如下措施：

a) 在年降水量小于 400 mm 的干旱、半干旱或海拔大于 2 000 m 的高寒等地区，以自然恢复为主。

b) 在年降水量大于 400 mm 的湿润—半湿润或温带—暖温带等地区，应根据周边生态环境，选择适宜的植物种群和生物群落，采取造林、种草或其他生物工程措施修复生态环境。

8.4.3.2 对受污染的排渣、尾矿等地面塌陷可采取如下措施：

a) 有客土来源的，可采取客土—换土—排土的方法，清除、排放受污染土壤，换填砂土、壤土或熟土，换填土壤厚度大于等于 30 cm，然后采取造林、种草或其他生物工程措施修复生态环境。

b) 无客土来源的，可采取清除—排土—翻松的方法，翻松土壤的厚度大于等于 30 cm，然后采取造林、种草或其他生物工程措施修复生态环境。

c) 对受污染的土壤可选择适当的位置、开挖适当的深度进行掩埋处理，再覆土后采取造林、种草或其他生物工程措施修复生态环境。

8.4.3.3 岩溶、土洞等地面塌陷可采取如下措施：

a) 岩溶、土洞地面塌陷的城镇地区，可在地面塌陷工程治理及土地整治后，采取植树造林、种草、植草等生态景观建设措施。

b) 岩溶、土洞地面塌陷的其他地区，可根据与周边生态环境协调一致的原则，采取造林、种草或其他生物工程措施修复生态环境。

8.4.3.4 山地型、丘陵型地面塌陷生物治理工程应符合 7.2、7.3 和 8.1.3 中的生物护坡工程措施及生物排水工程措施的相关规定。

8.4.4 平原(高平原)型地面塌陷

8.4.4.1 可根据地面塌陷深度、积水深度等情况及整治目标需要，将塌陷区整治成耕地、水域或湿地。

a) 塌陷深度较浅、积水深度小于等于 5 m、且具有排水条件时，宜采用排水疏干法，通过垫高低洼地面和沟渠排水，将塌陷区复垦成耕地。

b) 塌陷深度较大、积水深度大于 5 m 小于等于 10 m 之间、且排水条件不良时，宜采用挖深垫浅法，开挖塌陷深的地段，挖出的土方垫到塌陷浅的地段，分别形成水域、耕地(或其他用地)。

c) 塌陷深度和面积很大、积水深度大于 10 m 时，宜将塌陷区直接改造成水域或湿地。

8.4.4.2 依据塌陷区的土地类型及所处位置，因地制宜采取不同的生物治理措施。

a) 地面塌陷位于农田区时，可种植农田防护林。农田防护林由田块林网、道路林网和水系林网构成，三者应统筹布设。农田防护林的林网间距、林带宽度(方位和空间结构)、乔灌草选择和栽种密度等，可参照《农田防护林工程设计规范》(GB/T 50817—2013)执行。

b) 地面塌陷位于滩涂时，可在岸坡栽种池杉、水杉、垂柳、河柳、紫穗槐等耐水湿的乔灌木，辅以莎草、荻花等，构建多层次地被景观；也可在临水一侧的坡脚选择活木桩及护岸林。

c) 地面塌陷位于水域或湿地时，可种植挺水植物、浮叶植物和沉水植物等水生植物。挺水植物可选种茭白、芦苇、香蒲、水葱、莲藕和水生美人蕉等；浮叶植物可选种菱、浮萍、水葫芦、

马来眼子菜等;沉水植物可选择金鱼藻、伊乐藻和轮叶黑藻等。水域中也可养殖鱼、虾、螺、贝类等。

d) 塌陷区位于城市时,生物治理工程应结合市政建设规划,把市政园林绿化作为基本的手段之一。城市树种选择除考虑自然地理因素外,应结合经济、人文和景观特点。其设计可参照有关园林行业规范和地方技术标准执行。

9 监测设计

9.1 一般规定

9.1.1 地质灾害生物治理工程应开展治理项目实施及治理效果监测。

9.1.2 生物治理工程监测可与地质灾害防治工程监测一并进行;只采用生物治理工程时,应单独进行监测。

9.1.3 生物治理工程监测应遵从宏观监测与微观监测相结合,固定监测点与临时监测点相结合,定点监测与面上调查相结合,重点部位和工程重点监测的总体原则。

9.1.4 生物治理工程监测主要包括监测范围、监测目的、监测时段、监测内容、监测方法、监测点布设、监测设备及设施、监测保障措施及监测成果等。

9.1.5 生物治理工程监测方案应进行充分论证,批准后方可开展监测工作。监测工作完成后,可与地质灾害土木防治工程监测成果一并向项目业主提交,也可单独编制生物治理工程专题监测报告。

9.1.6 生物治理工程监测应由具有地质灾害监测或水土保持监测等监测资质的单位承担。监测中一般应配备一名具有生物、园林、环境工程、水土保持和生态等相关知识背景的专业技术人员。

9.1.7 生物治理工程监测应编制和计列监测费用,实行专款专用,确保监测质量。

9.1.8 地质灾害生物治理工程监测可参照《崩塌、滑坡、泥石流监测规范》(DZ/T 0221—2006)、《水土保持监测技术规程》(SL 277—2002)相关规定执行。

9.2 监测点布设

9.2.1 监测点应覆盖生物治理工程的整个治理范围和各分项治理工程。

9.2.2 监测点应根据生物治理工程的措施类型、功能及部位综合确定,合理布设。

9.2.3 监测点分为临时监测点和固定监测点。临时监测点用于施工期的过程监测,固定监测点用于施工后治理效益的监测。

9.2.4 监测点应根据监测设施、监测方法及监测内容的实际,因地制宜进行布设。在变形敏感部位和生物措施比较集中的部位宜多布置监测点。

9.2.5 一般应在每个分项治理工程或措施类型布设一个监测点。当分项治理工程和专项治理工程中有相同类型的措施时,可选取代表性的点位,适当减少监测点数量。

9.3 监测项目

9.3.1 监测内容

9.3.1.1 生物措施监测包括植物种类和群落、植被生长情况、植被覆盖等。

9.3.1.2 治理效果监测包括地表变形、位移、裂缝、表层物质和径流流失、基质流失、工程的完整性和稳定性等。

9.3.1.3 治理效益监测包括防灾减灾效益、经济效益、生态效益和社会效益。

9.3.2 监测重点

9.3.2.1 泥石流生物治理工程:重点是对泥石流水源补给区、形成区、流通区、堆积区和扇形地等的生物治理工程。

9.3.2.2 滑坡生物治理工程:重点是滑坡及不稳定斜坡外围、坡体中部及下游、坡脚等生物治理工程、工程护坡的绿化和生态修复等。

9.3.2.3 崩塌生物治理工程:重点是崩塌外围、坡体中部、下部倒石堆、流沙坡等生物治理工程、工程护坡的绿化和生态修复等。

9.3.2.4 地面塌陷生物治理工程:重点是岩溶区和矿区采空塌陷区生物治理工程、生态修复等。

9.3.3 监测项目及指标

9.3.3.1 植被盖度包括郁闭度和植被覆盖率。测定方法采用投影法、网格法和目测法等,有条件时可采用无人机遥感监测。

9.3.3.2 生物量分为植物地上部分和地下部分。地上生物量的测定采用收获法或间接估算法;地下生物量测定植物的根系,采用挖掘法或剖面法。

9.3.3.3 植被调查主要调查植被的种类成分、群落结构、功能及稳定性等。

9.3.3.4 发芽、存活情况主要观测和调查种子或活立木、枝条发芽率、存活率及病虫害等情况。

9.3.3.5 生长、发育情况主要观测和调查植物高度、多度、频度、盖度。多度用单位面积内某物种出现的个体数量来度量;频度用随机法或目测法测定;盖度用投影法、网格法和目测法测定。

9.3.3.6 功能及稳定性主要观测和调查生物多样性、群落结构、土壤水肥变化及地表温度变化。

9.4 监测时段及频次

9.4.1 监测期分为施工准备期、施工期和植物生长期。施工前应对治理工程的背景和立地条件等进行监测。

9.4.2 施工期监测时段应与设计实施时段相同。植物生长期监测时段与林草的自然恢复期一致,通常为 2 a~3 a,最长不超过 5 a。

9.4.3 施工期按月监测,雨季应加密监测频次。植物生长期监测频次可调整为每季度监测 1 次。

9.5 监测方法

9.5.1 一般规定

9.5.1.1 生物治理工程监测一般采用面上调查法和定位样方。

9.5.1.2 对于大型、特大型滑坡,崩塌及中型以上泥石流的生物治理工程,应采用面上调查和定位样方监测相结合的方法;对于面积较小或单体生物治理工程,以定位样方观测为主。

9.5.1.3 对于生态环境比较脆弱和地质环境复杂的区域,应以定位样方观测为主。

9.5.1.4 对滑坡、崩塌等生物护坡及排水工程,可在坡面设置径流场观测小区,通过沉砂池观测坡面基层和水土流失。径流场观测小区及沉砂池设置参照《水土保持监测技术规程》(SL 277—2002)的相关规定执行。

9.5.1.5 监测中应积极采用新技术、新方法,提高监测质量和精度。

9.5.2 面上调查法应符合下列规定:

a) 适用于占地面积较大,地貌类型复杂的大型、特大型滑坡,崩塌及中型泥石流灾害的生物治理工程项目。

b) 样地边界测定时，其各边方向误差小于1°，周长闭合误差小于1/100。

c) 定期抽样调查时，固定样地应采用全球定位系统接收仪复位。

d) 根据植被类型选择样方规格，一般乔木样地设置标准为10 m×10 m或30 m×30 m，灌木样地设置为2 m×2 m或3 m×3 m，草本措施场地设置为1 m×1 m或2 m×2 m。

e) 同一类型观测样方应不少于3块。根据具体的植物措施类型可适当调整样地尺度，最大不超过50 m×50 m。

9.5.3 定位样方观测应符合下列规定：

a) 适用于滑坡面、地面塌陷、地面沉降等形成的稳定坡面的植被监测。

b) 观测样方应具有代表性、可比性，且交通方便、观测便利。

c) 定位样方采用固定桩和铁丝或其他不易腐烂变质的材料实行围栏。

d) 样方规格见9.5.2(d)。

9.6 监测成果

9.6.1 监测报告的基本要求如下：

a) 生物治理工程实施期间，应于每季度的第一个月内报送上季度的监测季度报告表，同时提供重要位置生物治理工程措施的照片等影像资料。

b) 每年年底进行年度监测结果汇总并编制年度监测报告。

c) 发生强降雨、干旱、大风、病虫害、地震、地质灾害或强烈变形位移等突发灾害事件时，应于事件发生后1周内向项目业主和主管部门报告有关情况。

d) 监测任务完成后，应于3个月内报送监测总结报告。

9.6.2 监测成果及主要内容如下：

a) 生物治理工程监测报告内容包括：①前言，治理工程概况，监测目的意义、任务来源，以及监测任务的组织实施等；②治理工程及项目区概况，包括地质灾害现状、立地条件、治理工程情况、项目区自然和社会经济情况；③生物治理工程监测，包括监测依据、监测区域、范围、监测点分布、监测内容，以及监测的程序和方法等；④监测结果分析，包括植物种类和群落、植被生长情况、植被覆盖率、郁闭度等生物措施动态变化分析，地表变形、位移、裂缝、表层物质和径流流失、基质流失、工程的完整性和稳定性等治理效果分析，防灾减灾效益、经济效益、生态效益和社会效益等治理效益的分析等；⑤地质灾害生物治理工程的经验和特点；⑥综合评价及建议，包括地质灾害生物治理工程的综合评价、存在问题和有关建议等。

b) 监测表格主要包括监测过程中填写完成的相关表格，监测表格格式参照《水土保持监测技术规程》(SL 277—2002)附录B执行。

c) 监测图件主要包括治理工程地理位置图、生物治理工程措施布局图、工程实施前后植被覆盖率及水土流失变化图等。

10 养护抚育要求

10.1 一般规定

10.1.1 生物治理工程设计应提出具体的养护管理要求及措施。

10.1.2 养护管理应明确管理措施、管理时间、管理目标等。

10.1.3　养护抚育应根据生物治理工程措施类型及植物物种、生长特性等进行设计。

10.2　养护管理

10.2.1　养护抚育期。植物种植后应及时进行养护抚育，乔、灌养护抚育期应不少于 3 a(3 个生长期)，草地养护抚育期应不少于 2 a(2 个生长期)。

10.2.2　养护抚育分为施工后初期和后期 2 个阶段：

10.2.2.1　初期养护阶段主要采取加强苗木管理、松土、灌溉、施肥、除蘖、修枝等措施进行管护。在达到设计目标的植物成型期间，应根据可能出现的问题，适时采取基质修补、植物补播(植)、追肥和浇灌等措施。

10.2.2.2　后期养护管理阶段随着植被演替发展，应重点进行保育(培育)和更新等维护作业，开展病虫害防治。保育作业主要采取剪除藤蔓、伐除杂草、间伐等措施，同时应视植物生长情况，及时进行更新作业。

10.2.3　在养护过程中，应全面普查植被生长状况，对于自然灾害和人为损坏应采取一定的补植措施。

10.2.4　植物成活率应符合下列规定：

a)　乔、灌造林当年成活率应大于等于 95 %，3 a 后保存率应大于 85 %。

b)　采用藤、蔓垂直绿化技术进行边坡治理的，当年边坡垂直覆盖率应大于 40 %，3 a 后覆盖率应大于 60 %。

c)　草本植物当年覆盖率应大于 80 %，2 a 后覆盖率应大于等于 95 %。

10.3　抚育措施及要求

10.3.1　松土应里浅外深，不伤害苗木根系，深度为 10 cm～15 cm。干旱地区可适当加深，也可结合抚育进行扩穴，增加营养面积。

10.3.2　对于杂草，不宜进行全面割灌、割草抚育，但可根据需要采取必要的除草措施，及时拔除病虫害植株。

10.3.3　对具有萌芽能力的乔木、灌木，移植 2 a～3 a 后生长不良的，应及时平茬复壮。草地应根据生长情况适时刈割或修剪。

10.3.4　对生长不良、枯死、损坏、缺株的植物应及时更换或补栽，用于更换及补栽的植物材料应和原植株的种类、规格保持一致。

10.3.5　施肥

10.3.5.1　植物种植后的前 3 a，应对苗木施肥 2 次～3 次。

10.3.5.2　树木休眠期宜施有机肥，生长期宜施缓释型肥料。

10.3.5.3　施肥量(干施量)乔木为 250 g/株·次，花、灌木为 150 g/株·次，种植块为 30 g/m^2·次，草坪为 10 g/m^2·次。

10.3.5.4　施肥后应及时撒浇 1 次透水。

10.3.6　浇水

10.3.6.1　根据生物治理工程所在区域的水源、地形、土壤、植物种类和经济条件等，因地制宜选用喷灌、微灌(包括微喷灌、滴管)或其他组合系统，喷灌、微灌设计应符合《喷灌工程技术规范》(GB/T

50085—2007)和《微灌工程技术规范》(GB/T 50485—2009)的规定。

10.3.6.2 在坡体上应严格控制浇水量,以免诱发崩塌、滑坡局部或整体失稳。在干旱或立地条件较差地区,应根据设计及管护要求,及时进行浇水和喷灌等作业。

10.3.6.3 灌溉水源水质应符合《农田灌溉水质标准》(GB 5084—2005)的规定。

10.3.7 病虫害防治

10.3.7.1 以预防为主,定期做好喷药防治工作。养护期内必须根据季节和病虫害发生规律采取预防措施,在病虫害易发时期,每月对易感植物喷药 1~2 次。

10.3.7.2 一般选择生物防治方法、物理防治法和生物农药及高效低毒农药等,为保护环境应尽可能采用生物农药。

11 施工组织设计

11.1 一般规定

11.1.1 生物治理工程设计中应提出施工组织及措施要求。

11.1.2 对于重要的分部分项工程或特殊的施工工艺,应编制分部分项工程或专项施工组织设计。

11.1.3 施工应根据施工难度、工程类型、植被建植工艺,安排分段施工。

11.1.4 根据当地气候特点、植物立地条件和生长特点,合理安排施工季节。

11.1.5 施工组织设计中,应积极采用和推广先进技术及先进工艺。

11.1.6 施工组织设计可参照各类地质灾害防治工程设计和施工相关规范规程的规定执行。

11.2 施工总布置

11.2.1 应综合考虑工程规模、类型、特点、材料、交通运输、施工设施、仓储场地、施工条件和施工场地等因素,合理确定并统筹规划为生物治理工程施工服务的各种临时设施。

11.2.2 应合理利用土地,注重生态环境保护,结合场内外主要交通运输线路布置条件,经全面系统比较论证后选定施工总布置方案。

11.2.3 不得在地质灾害、山洪危险区,重点保护文物,古迹,名胜区或自然保护区,以及受爆破或其他因素影响严重区域等设置主要施工设施和施工临时设施。

11.2.4 施工场地应做好防洪,截、排水,支挡等临时防护措施,确保施工场地和人员、设施的安全。

11.3 施工总进度

11.3.1 应依据植物立地条件、植被建植工艺、施工组织管理水平和施工机械化程度,合理安排施工期。

11.3.2 编制施工总进度应遵守基本建设程序,采用国内平均先进施工水平合理安排工期。

11.3.3 施工总进度应突出主、次,突出关键工程、重要工程,明确各分项工程的完工日期。

11.3.4 场内交通道路应先行安排施工,并确定施工道路投入使用时间。其他准备工程的建设应与所服务的主体工程施工进度协调安排。

11.3.5 施工总进度的表示形式应采用横道图或网络图。

11.4 施工方案

11.4.1 施工方法应能经济、合理地实现生物治理工程总体设计方案,保证工程质量与施工安全。

通过调查研究和分析评价，确定完整可行的施工方法。

11.4.2 对于控制进度的工程、所占投资比重较大的工程、施工难度较大或采用施工新技术的工程宜作重点研究，采取针对性的施工措施。

11.4.3 施工方案选择应遵守确保工程质量和施工安全，技术先进、可靠，所选用的施工新技术、新工艺宜通过生产性试验或鉴定，各道工序之间协调均衡，减少干扰，降低施工成本等原则。

11.5 施工组织设计

11.5.1 编制施工组织设计前，应做好下列准备工作：

a) 收集地质灾害勘查和设计报告、生物治理工程专题调查报告、设计报告和设计图纸，熟悉设计的依据、目的和内容。

b) 调查场地的自然条件和施工条件，复核施工范围内及周边地形、岩土体特征、裂隙分布情况等，明确地质灾害生物治理工程的治理范围。

c) 现场调查与生物治理工程实施相关的当地主要建筑材料、种植材料、设备等的生产与供应情况。

11.5.2 施工组织设计编制主要包括以下依据：

a) 计划文件。包括国家批准的建设计划文件、工程项目情况、工程所在地主管部门的批件，以及施工任务书等。

b) 技术文件。包括工程的施工图纸、说明书、会审记录等。

c) 工程预算中的分部、分项工程量等。

d) 地质勘查报告及施工现场的地形图测量控制网。

e) 与工程有关的国家和地方法规、规定、施工验收规范、质量标准、操作规程和预算定额。

f) 与工程有关的新技术、新工艺和类似工程的经验资料。

11.5.3 施工组织设计主要内容包括：①工程概况；②施工准备；③施工总平面布置；④主要施工工艺方法；⑤施工监测；⑥施工组织及资源配置；⑦施工设备及材料；⑧施工进度计划；⑨施工质量保证措施；⑩施工安全保证措施及应急预案；⑪环境保护措施；⑫冬季、雨季施工措施；⑬施工检验及施工资料；⑭施工场地平面布置图、施工剖面图、施工大样图等。

12 质量评定与工程验收

12.1 一般规定

12.1.1 生物治理工程质量检验评定标准，适用于中间检查和竣工验收。

12.1.2 生物治理工程应实行监理制。监理单位应具有地质灾害防治工程或园林绿化监理资质。

12.1.3 生物治理工程质量验收，应按检验批、分项工程、分部工程、单位(子单位)工程的顺序进行，生物治理工程的分项、分部、单位工程划分应符合《园林绿化工程施工及验收规范》(CJJ 82—2012)的相关要求。

12.1.4 工程完成后，施工单位应对工程质量进行自检和评定，自检合格后，将竣工验收报告和有关资料提交建设单位。由建设单位或承包单位组织当地工程质量监督部门、监理工程师、设计代表进行检查、验收和质量评定。验收文件必须经各方签字认可。

12.1.5 生物治理工程验收应评定工程质量等级。工程质量评定可参照《城市园林绿化评价标准》(GB/T 50563—2010)执行。

12.1.6　评价为不合格的生物治理工程经返工达到要求后，评定为合格。未达到要求的，不得通过验收。

12.2　工程质量评定

12.2.1　基质稳固性评定

12.2.1.1　应从表面收缩裂缝、冲蚀状况、表面剥离现象等方面进行质量评定。

12.2.1.2　质量评定分为合格、保留、不合格3个级别，具体评定标准参见附录N表N.1。

12.2.1.3　若评定出现保留等级的为不合格，应采取措施进行补救，直至合格。

12.2.2　植被建植质量评定

12.2.2.1　植被建植质量应从种子的纯净度、发芽率(出苗率)、病虫害发生率，成坪植被物种结构、长势等方面进行评定。

12.2.2.2　植物的发芽率及出苗率应大于85 %，目标群落物种成活率大于90 %，且长势良好。

12.2.2.3　植被建植质量评定分为优良、合格、不合格3个级别，具体评定标准及测定方法参见附录N表N.2。

12.2.2.4　评定出现不合格者，应采取措施进行补救，直至合格。

12.2.3　目标群落稳定性评定

12.2.3.1　目标群落实现性应根据施工完成后初期、后期，以及施工后中长期等不同时期进行分别评定。

12.2.3.2　采用现场实测的方法判定目标的植物群落建立的程度。根据不同的物种群落构建情况判定优、良者为优良，不良为合格，极不良为不合格。具体评定标准及评定方法参见附录N表N.3。

12.2.3.3　施工后期及中长期评定出现保留等级为不合格，应采取措施进行补救，直至合格。

12.3　工程质量验收

12.3.1　应具有完整的施工操作依据、质量检查记录。

12.3.2　本规范的分项及专项工程、单位工程质量等级均应为“合格”。

12.3.3　栽植土质量、基质、植物病虫害检疫，有关安全及功能的检验和抽样检测结果应符合有关规定。

12.3.4　基质稳固性、植被建植质量、目标群落稳定评价方法及标准应符合12.2的规定。

12.3.5　乔灌木成活率及植被覆盖率应符合10.2.4的规定。

12.3.6　当生物治理工程质量不符合要求时，应按照下列规定进行处理：

a)　经返工或整改处理的检验批应重新进行验收。

b)　经有资质的检测单位检测鉴定能够达到设计要求的检验批应予以验收。

c)　通过返修或整改处理仍不能保证植物成活、基质稳固、安全要求的工程，严禁验收。

12.4　工程竣工验收

12.4.1　竣工验收应具备以下条件：

a)　完成了地质灾害生物治理工程设计要求及合同约定的各项工程。

b)　监理单位对竣工工程质量进行了检查、核定，并认可工程竣工质量符合设计要求，同意验收。

c) 工程质量控制资料齐全完整。

d) 建设、施工、监理、监测、设计等单位工程技术档案齐全完整。

e) 施工单位已签署并向项目业主单位提交了《工程质量保修书》。

12.4.2 工程竣工验收时，应提交资料包括施工管理文件、施工技术文件、施工物资文件、施工记录文件、工程竣工测量文件、施工质量评定文件、工程竣工文件、工程监测文件等。

12.4.3 若有整改意见时，施工单位应及时按照要求进行整改。

12.4.4 验收合格后，由建设单位组织，施工单位向工程运行管理维护单位办理移交手续。

附 录 A
（资料性附录）
生物治理工程调查内容与方法

A.1 背景调查

A.1.1 地质、地貌调查

A.1.1.1 泥石流地貌调查包括地貌类型及分布、流域形状及面积，可通过调查和地形图取得。

A.1.1.2 泥石流沟谷调查包括如下内容：

a) 沟道长度。可实地测量取得。

b) 沟壑密度。可按式 A.1 进行计算：

$$D = L/F \qquad \cdots\cdots (A.1)$$

式中：

D——流域平均沟壑密度，单位为千米比平方千米（km/km^2）；

L——流域沟道总长度，单位为千米（km）；

F——流域总面积，单位为平方千米（km^2）。

c) 沟道比降。可实地测量取得，也可从地形图上量取，并按式 A.2 计算：

$$s = \sum (H_{i+1} - H_i) / \sum L \qquad \cdots\cdots (A.2)$$

式中：

s——某干沟段或支沟的平均比降（%）；

H_i——从下向上第一测点高程，单位为米（m）；

H_{i+1}——从下向上第二测点高程，单位为米（m）；

L——第一、第二两个测点间的水平距离，单位为米（m）。

d) 沟底宽度和沟谷坡度。可实地测量或从地形图量取。

A.1.1.3 坡面调查

a) 坡面长度。可实地测量或从地形图量取，从坡顶到沟边的坡面长度和沟边到沟底的坡面长度分别量算，再相加得到总长。

b) 地面坡度。可实地测量或从地形图量取。

A.1.1.4 地质背景调查包括如下内容：

a) 地质构造。包括大地构造位置，区域断裂、地震及新构造运动，节理及裂隙分布等。

b) 地层与岩性。包括地层，岩性，产状，岩石的破碎、风化程度等。

c) 水文地质工程地质。包括地下水类型、水位及埋深、补给排泄条件及地层渗透；岩土分布、类型、岩土物理力学参数和特征。

A.1.2 气象、水文调查

A.1.2.1 降水调查包括如下内容：

a) 年降水量：最大年降水、最小年降水、多年平均降水和丰水年、枯水年、平水年各占比例。

b) 年降水量的季节分布，特别注意汛期与非汛期的雨量。

c) 暴雨。出现季节、频次、雨量、强度(最大、一般)占年降水量比重。

A.1.2.2 温度调查包括如下内容：

a) 年均气温、季节分布，最高、最低气温，大于等于 10 ℃积温。

b) 无霜期，早霜、晚霜起讫时间。

A.1.2.3 蒸发调查包括如下内容：

a) 了解水面年蒸发量与陆面年蒸发量，根据有关等值线了解其分布。

b) 以陆面年蒸发量与年降雨量的比值，即干燥度(d)，进行气候分区。d 值大于 2.0 的为干旱地区；d 值小于 1.5 的为湿润地区；d 值在 1.5～2.0 之间的为半干旱地区。

A.1.2.4 风调查包括如下内容：

a) 年平均风速，主导风向，主害风向。

b) 风速的季节分布。

c) 最大风速、沙尘暴天数及发生时间。

A.1.2.5 灾害性气候调查包括暴雨、霜冻、冰雹、干热风等分布的地区、范围与面积、出现的季节与规律、灾害程度等。

A.1.3 土壤调查

A.1.3.1 宏观调查

a) 根据山区地面组成物质中土与石占地面积的比例，划分石质山区、土质山区或土石山区。对土层较薄、土地"石化""沙化"发展较严重的地方，需了解其土层厚度与每年冲蚀厚度。划分标准如下：

   1) 岩石构成山体、基岩裸露面积大于 70 %，为石质山区。

   2) 各类土质构成山体、岩石裸露面积小于 30 %，为土质山区。

   3) 介于二者之间为土石山区，着重了解裸岩面积的变化情况。

b) 根据地面组成物质中大的土类进行划分，如东北黑土区、西北黄土区、南方红壤区等，了解土层厚度的变化情况。

A.1.3.2 微观调查

a) 用土钻或其他方法取样，进行土壤理化性质等测试分析，调查坡沟不同部位的土层厚度、土壤质地、容重、pH 值、水分、养分、孔隙率、硬度、渗透性等，了解其对生物治理工程的适应条件。

b) 根据开展生物治理工程措施类型调查土壤厚度，选取适应的树种和整地方式。

A.1.4 植被调查

A.1.4.1 宏观调查

a) 调查天然林区与草地的分布范围、面积、主要树种、林分、草类、群落。

b) 调查树木与草类的生长情况，包括株高与冠幅，特别是林地的郁闭度和草地的盖度，选有代表性地块，分别取样方(样方面积：乔木林 20 m×20 m，灌木林 5 m×5 m，草地 2 m×2 m)进行观测并按式 A.3 计算：

$$D = f_d / f_e \quad \cdots\cdots\cdots\cdots\cdots\cdots\cdots\cdots\cdots\cdots\cdots\cdots \text{(A. 3)}$$

式中：

D——林地的郁闭度(或草地的盖度)(%)；

f_e——样方面积，单位为平方米(m^2)；

f_d——样方内树冠(草冠)垂直投影面积，单位为平方米(m^2)。

c) 在上述工作基础上，按式A.4计算类型区的林草的植被覆盖率。

$$C = f / F \quad \cdots\cdots\cdots\cdots\cdots\cdots\cdots\cdots\cdots\cdots\cdots\cdots \text{(A. 4)}$$

式中：

C——林(或草)植被覆盖率(%)；

F——类型区总面积，单位为平方千米(km^2)；

f——林地(或草地)面积，单位为平方千米(km^2)。

d) 森林和草原的历史演变情况调查。根据有关专家的历史考证和向当地老人询问，追溯若干年前林草植被分布范围(水平分布与垂直分布)、面积、生长情况及遭到破坏的年代、情况和原因。

A.1.4.2 微观调查

a) 调查的内容基本与宏观调查一致，包括林草植被类型、分布、面积、种类、群落、建群种、优势种、乡土物种、生长状况和历史演变等。

b) 林地郁闭度、草地盖度和林草植被覆盖度，其观测方法和计算公式与宏观调查一致。

A.2 社会经济及工程活动调查

A.2.1 土地利用现状调查

A.2.1.1 主要调查各类土地的类型、数量和位置。土地类型包括耕地、园地、林地、草地、居民地及工矿用地、交通用地、水域、未利用地等。

A.2.1.2 可收集有关资料，结合最新的航片、卫片等影像材料分析，然后在不同类型区内选有代表性的区域进行局部现场调查。

A.2.2 人类工程活动、发展规划调查

调查人类工程活动类型、数量及分布，当地发展规划等情况。

附 录 B
（资料性附录）
生物治理工程常用树种和草种

表 B.1 生物治理工程主要参考树种和灌木

气候带	主要生物治理工程树种和灌木
热带、南亚热带	马尾松、海南五针松、华南五针松、火炬松、思茅松、木麻黄、台湾杉、杉木、水杉、巨尾桉、柠檬桉、窿缘桉(隆缘桉)、大叶桉、大叶相思、金毛相思、肯氏相思、毛卷相思、苦楝、木荷、火力楠、格木、合欢、樟黄牛木、厚皮香、春花木、筋竹、麻竹、黄竹、青皮竹、笋竹、黑荆树、肉桂、八角、千年桐、木棉、蔡蒲、柑橘、龙眼、荔枝、余甘子、芒果、三华李、猕猴桃、木菠萝、番石榴、波梨*)、橡胶树*)、胡椒*)、椰子*)、金鸡纳树*)、腰果*)、咖啡树*) *)为热带树种
中亚热带	马尾松、杉木、柏木、水杉、柳杉、秃杉、湿地松、火炬松、云南松、华南五针松、黄山松、麻栎、栓皮栎、青冈松、大叶桉、窿缘桉(隆缘桉)、榕、樟、川楝、苦楝、枫杨、桤木、木荷、刺槐、楸、紫楠、泡桐、合欢、马桑、紫穗槐、胡枝子、南酸枣、黄荆、六月雪、毛竹、淡竹、青皮竹、慈竹、茶、桑、黑荆树、香椿、漆树、油茶、油桐、杜仲、猕猴桃、刺梨、银杏、山苍子、板栗、柑橘、桃、李、枇杷、杨梅、梨、柿、葡萄、泰国石榴
北亚热带	马尾松、杉木、油松、火炬松、湿地松、秃杉、华山松、柏木、水杉、柳杉、池杉、麻栎、栓皮栎、青冈栎、椴、木荷、枫杨、刺槐、檫、樟、紫花泡桐、枫杨、桤木、皂荚、檀木、柳、榆、合欢、苦楝、紫穗槐、胡枝子、栀子、马桑、黄荆、毛竹、箭竹、刚竹、淡竹、斑竹、笋竹、漆树、杜仲、辛夷、山茱萸、香榧、猕猴桃、刺梨、拐枣、山苍子、杨梅、桃、李、苹果、枇杷、葡萄、樱桃、石榴、梨、杏
南温带	油松、樟子松、红松、黑松、华北落叶松、日本落叶松、水杉、中山杉、华山松、侧柏、柏木、刺槐、泡桐、麻栎、栓皮栎、臭椿、白、复叶槭、黄连木、紫椴、楸、皂荚、桑、白榆、日本桤木、枫杨、旱柳、杨类、紫穗槐、胡枝子、杞柳、黄荆、杜梨、酸枣、柽柳、马桑、杠柳、黄刺玫、刚竹、淡竹、板栗、核桃、桑、柿、枣、花椒、香椿、忍春、枸杞、辛夷、山杏、杜仲、漆、猕猴桃、拐枣、茱萸、斑竹、苹果、梨、桃、杏子、李、山楂、葡萄、樱桃、玫瑰
中温带(一) 东北半湿润区	樟子松、落叶松、兴安落叶松、红松、白榆、椴、水曲柳、黄波罗、槭类、蒙古栎、胡桃、楸、旱柳、杨树、山杏、白桦、胡枝子、沙棘、拧条、花棒、杞柳、黄柳、树柳、胡颓子、酸枣、丁香、苹果、山楂、葡萄、梨、海棠、沙果、黑豆、李、刺槐*)、紫穗槐*)、红枝云杉*) *)只适宜于南部低地
中温带(二) 西北、华北 半干旱区	油松、华北落叶松、樟子松、侧柏、白皮松、槭类、椴、白桦、白榆、栓皮栎、辽东栎、核桃、揪、杨树、臭椿、沙枣、杠柳、苦参、柠条、沙棘、怪柳、杞柳、黄柳、沙柳、旱柳、花棒、胡枝子、紫穗槐、酸枣、火炬树、杜梨、狼牙刺、花椒、枸杞、桑、山杏、文冠果、杜仲*)、黄芪、苹果、梨、杏、桃、李、山楂、葡萄、刺槐*)、玫瑰 *)只适宜于南部、低谷
中温带(三) 西北干旱区	风沙区：沙柳、黄柳、花棒、踏郎、沙棘、杞柳、柠条、紫穗槐、胡枝子、柽柳、樟子松、油松、沙枣、山杏、旱柳、白榆、小叶杨、小青杨、河北杨、海红子、槟果、酸枣。荒漠、半荒漠区：梭梭、白梭梭、柠条、柽柳、花棒、沙拐枣、胡杨、沙枣、骆驼刺、枣。绿洲、灌溉区：新疆场、银白杨、箭杆杨、旱柳、白榆、沙枣、梭梭、白梭梭、骆驼刺、灌木柳、紫穗槐、葡萄、核桃、杏、苹果、沙果、巴旦杏、桃石榴、樱桃、李、桃、枣、酸枣
青藏高原	藏北高原：几乎无乔木生存，局部地区可种植锦鸡儿 藏南谷地： a. 河漫滩：北京杨、银白杨、藏青杨、新疆杨、白柳、红柳、长蕊柳、藏沙棘、柽柳、紫穗槐、沙生槐、锦鸡儿、蔷薇、苹果、梨、核桃等 b. 中、低山区：爬地柏、绢毛蔷薇、沙生槐、锦鸡儿 藏东谷地：马尾松、云南松、大叶桉、赤桉、柠檬桉、大叶相思、台湾相思、茶、油桐、苹果、梨、石榴、核桃等

表 B.2　主要参考草种

气候带	荒山、牧坡	退耕地、轮歇地	堤防坝坡、梯田坎、路肩	低湿地、河滩、库区
热带、南亚热带	葛藤、毛花雀稗、剑麻、百喜草、知风草、山毛豆、糖蜜草、象草、坚尼草、芭茅、大结豆、桂花草	柱花草、香茅草、无刺含羞草、山毛豆、宽叶雀稗、印尼豇豆、紫花扁豆、百喜草、大翼豆	百喜草、香根草、凤梨、葛藤、柱花草、黄花菜、紫黍、非洲狗尾草、岸杂狗牙根、芭茅	香根草、双穗雀稗、杂交狼尾草、小米草、稗草、毛花雀稗、非洲狗尾草
中亚热带、北亚热带	龙须草、弯叶画眉草、葛藤、坚尼草、知风草、菅草、芭茅、毛花雀稗	苇状羊茅、牛尾草、鸡脚草、象草、三叶草、无芒雀麦、印尼豇豆	岸杂狗牙根、串直松香草、香根草、黄花菜、芒竹、弯叶画眉草、药菊、白三叶草、牛尾草、小冠花、细叶结缕草、芭茅	小米草、稗草、五节芒、杂交狼尾草、双穗雀稗、香根草、水烛、芦竹、杂三叶草
南温带	菅草、芭茅、沙打旺、龙须草、半茎冰草、弯叶画眉草、葛藤、多年生黑麦草、狗牙根	草木樨、苇状羊茅、沙打旺、红豆草、苜蓿、红三叶草、杂三叶草、葛藤、冬棱草、牛尾草、无芒雀麦	小冠花、药菊、黄花菜、冰草、龙须草、结缕草、菅草、地毯草、狗牙根、早熟禾、小糖草、芭茅、宾草	芦苇、荻草、田菁、黄花菜、小米草、芭茅、冬牧70黑麦、双穗雀稗
中温带	草木樨、沙打旺、苜蓿、野豌豆、羊草、红豆草、披碱草、野牛草、狗牙根、扁穗冰草、伏地、多年生黑麦草、芭茅	苜蓿、白草、苏丹草、沙打旺、马兰、无芒雀麦、鹅冠草、黄芪、披碱草	野牛草、鹅冠草、紫羊茅、马兰、白草、黄花、芨芨草、沙生冰草、草地早熟禾、芭茅、冰草、宾草	芦苇、芭茅、黄花、扁穗冰草、水烛、马兰
青藏高原	沙打旺、草木樨、披碱草	紫花苜蓿、红豆草、沙打旺、草木樨、毛叶苕子、箭舌豌豆、芜菁、聚合草、披碱草、老毛麦、黑麦草、无芒雀麦、青稞草	沙打旺、草木樨、披碱草、小冠花、香根草	紫花苜蓿、红豆草、沙打旺、草木樨、毛叶苕子、箭舌豌豆、芜菁、聚合草、披碱草、老毛麦、黑麦草、无芒雀麦、青稞草
气候带	幼林间作	果园间作	饲料间作	绿化、草坪
热带、南亚热带	鸡脚草、柱花草、大绿豆、糖蜜草、山毛豆、木豆、印尼豇豆、无刺含羞草、猪屎豆、竹豆	印尼豇豆、紫花扁豆、山毛豆、百喜草、猪屎豆、竹豆、大翼豆	象草、菊苣、岸杂狗牙根、籽粒苋、墨西哥玉米、宽叶雀、非洲狗尾草	百喜草、地毯草、岸杂狗牙根、台湾草、黄花菜
中亚热带、北亚热带	鸡脚草、三叶草、印尼豇豆、大绿豆、龙须草、弯叶画眉、黑麦草	猪屎豆、黑麦草、大绿豆、印尼豇豆、中巴豇豆、鸡脚草、白三叶草	墨西哥玉米、象草、菊苣、杂交狼尾草、苏丹草、苦荬、瑞蕾苜蓿、籽粒苋、黑麦草、红胡萝卜	岸杂狗牙根、黄花菜、早熟禾、小冠花、白三叶草、翦股颖、结缕草
南温带	沙打旺、龙须草、红豆草、鸡脚草、冬棱草、小冠花	三叶草、毛叶茹子、黄花菜、小冠花、鸡脚草、红豆草、大绿豆	籽粒苋、菊苣、三叶草、苏丹草、野豌豆、苜蓿、串叶松香草、冬牧70黑麦、甜高粱	结结草、细叶苔、紫羊茅、白三叶草、地毯草、早熟禾、狗牙根、野牛草、异穗苔、小糖草、披针叶苔草
中温带	沙打旺、红豆草、野豌豆、鸡脚草、毛叶苕子、黄芪、黄花菜	毛叶苕子、鸡脚草、野豌豆、红三叶草、红豆草	苜蓿、芒雀麦、冬牧70黑麦、饲料甜菜、野豌豆、甜高粱、多年生黑麦草	冰草、红狐芽、狗牙根、地肤紫羊茅、马兰、野牛草、早熟禾
青藏高原	紫花苜蓿、红豆草、沙打旺、草木樨、毛苕子、箭舌豌豆、披碱草、老芒麦	紫花苜蓿、红豆草、沙打旺、草木樨、毛叶苕子、箭舌豌豆、芜菁	紫花苜蓿、红豆草、沙打旺、草木樨、毛叶苕子、箭舌豌豆、芜菁、聚合草、披碱草、老毛麦、黑麦草、无芒雀麦、青稞草	沙打旺、草木樨、小冠花、三叶草、香根草、早熟禾

表 B.3 盐碱地主要草种

气候带	沙荒、沙地	盐碱地(含盐量/%)		
		0.1～0.2	0.2～0.4	0.4～0.8
热带、南亚热带	香根草、大绿豆、印尼豇豆、中巴豇豆、大翼豆、仙人掌、蝴蝶豆	盖氏虎尾草、葛藤、俯仰马唐	苏丹草	大米草
中亚热带、北亚热带	香根草、大绿豆、沙引草、印尼豇豆、蔓荆、瑞蕾苜蓿、黄花菜	无芒雀麦、冬牧70黑麦、黄花菜、葛藤、野大豆	杂交狼尾草、苇状羊茅草、五节芒、茵陈蒿	芦苇、大米草、田菁、芦竹、碱茅
南温带	苜蓿、沙打旺、白草、小冠花、鸡脚草、沙毛叶茄子、草木樨、芨芨草、马蔺、冰草、宾草	野大豆、小冠花、冬牧70黑麦、白草、无芒雀麦、黄花菜	苏丹草、苜蓿、草木樨、沙打旺、苇状羊茅	芦苇、大米草、盐蒿、小腊、田菁
中温带	沙打旺、沙蒿、芨芨草、沙竹、沙米、绵蓬、苜蓿、毛叶苕子、无芒雀、白草、披碱草、马蔺、冰草、宾草	无芒雀草、偃麦草、鹅冠草、野豌豆、冰草、芨芨草	草木樨、苜蓿、苏丹草、羊草、毛叶苕子、弯穗鹅冠草	田菁、芨芨草、芦苇、盐蒿、碱茅、地肤
青藏高原	沙打旺、草木樨、芨芨草、香根草、沙蒿、紫花苜蓿、红豆草、黄芪	无芒雀麦、芨芨草、苏丹草、草木樨、毛叶苕子、碱茅	草木樨、苏丹草、毛叶苕子、芦苇、芨芨草、碱茅	芨芨草、芦苇、碱茅

附　录　C

（资料性附录）

气候带及植物群落类型、特征

表 C.1　全国各气候带分布地区与主要特征

气候带	分布地区	主要特征			
		土壤	大于等于10 ℃天数	年积温/℃	物候
热带、南亚热带	五岭山麓以南、台湾、海南等地	红壤、赤红壤、砖红壤	>300	6 500～8 000	龙眼能正常生长
中亚热带	浙、赣、湘、川的南部和滇、桂、黔的丘陵低地	红壤、黄壤、紫色土	240～300	5 300～6 500	柑橘能正常生长
北亚热带	淮河、秦岭以南	黄壤、黄棕壤	200～300	4 500～5 300	茶能正常生长
南温带	秦岭、淮河以北，西起天水，北至延安、太原、丹东	褐土、黑垆土、棕壤、黄绵土	100～220	3 500～4 500	枣能正常生长
中温带(一)东北半湿润区	南温带以北，东北地区大部分，内蒙古东部	黑土、栗钙土、森林土	<160	3 400	
中温带(二)西北、华北半干旱	黄土高原北部及毗邻地区	黄棉土、栗钙土、灰钙土	100～160	1 600～3 400	
中温带(三)西北干旱区	新疆大部分地区，蒙、甘西北部，宁、陕、青的北部	荒漠土、风沙土、栗钙土	100～160	1 600～4 000	
青藏高原区	北纬 28°～40°，东经 78°～103°高原，西藏地区全部，青海南部，四川西部，云南西部	高寒草甸土、高寒草原土、高寒荒漠土、森林土等	<100	<2 000	

表 C.2　植物群落类型及适用场所表

类型	主要特征	适用场所
林木型	以乔木、亚乔木为主要植物物种而建造的植物群落，树高一般 3 m 以上	周围为森林、山地、丘陵、城镇等
草灌型	以灌木、草本类为主要植物物种而建造的植物群落，其中灌木高度一般在 3 m 以下	在陡坡、易侵蚀坡面及周边为农田、山地等
草本型	以多种乡土草或外来草为主要植物物种而建造的植物群落	除可用于一般坡地外，还适用于急陡边坡、岩石边坡等
观赏型	以草本类、花草类、低矮灌木以及攀缘植物为主要植物物种而建造的植物群落	适用于在城市、旅游景点等人口聚集区的边坡营造特殊植物群落

附　录　D
（资料性附录）
推荐林木和草种单位种植量

表 D.1　不同林种、树种及灌木初植密度

经济树种	株数/0.1 hm^2
爪哇木绵、油梨	10～20
银杏、香榧	20～30
柿、核桃、椰子	20～40
橡胶树、拐枣	50～60
荔枝、龙眼、枇杷	50～100
漆树、辛夷	50～100
枣、香椿、荀竹	50～100
余甘、木菠萝、芒果	60～100
苹果、山楂、杏	80～160
板栗、乌桕、千年桐	80～160
棕榈、蒲葵、咖啡	100～120
杜仲、山茱萸	100～150
斑竹、笋竹	100～150
油茶、三年桐	100～180
樱桃、石榴	100～200
柑橘、杨梅、猕猴桃	100～250
梨	100～300
李、桃	150～200
胡椒、黑豆果、黑荆树	200～250
葡萄	300～500
金鸡纳树、花椒、栀子	400～500
金银花、蔓荆	400～800
玫瑰、枸杞、桑	500～1000
茶(直播、密植)	80 kg
乔木树种	株数/0.1 hm^2
泡桐、意杨、毛竹	50～100
旱柳、杨树	60～100
檫树、巨尾桉	80～200
火炬松、湿地松、木麻黄	100～200

表 D.1 不同林种、树种及灌木初植密度(续)

乔木树种	株数/0.1 hm^2
柠檬桉、大叶桉、窿缘桉(隆缘桉)	150～250
枫杨、樟树、楸	150～250
水杉、池杉、柳杉	150～250
苦楝、臭椿、复叶槭	150～300
杉木、柏木、侧柏	200～400
木荷、桢楠、沙枣	250～300
榆树、白腊	250～500
大叶相思、肯氏相思、金毛相思	250～500
刺槐	250～1 000
樟子松、华山松、红松	300～400
水曲柳、黄波萝	300～400
马尾松、油松、云南松	350～500
云杉、冷杉	400～500
麻栎、栓皮栎、青冈栎、辽东栎	600～800
灌木树种	**株数/0.1 hm^2**
紫穗槐、花棒、马桑	600～1 000
沙棘、柠条、胡枝子	1 000～2 000
杞柳、黄柳、沙柳、柽柳	2 000

注:1 公顷(hm^2)=10 000 平方米(m^2),全文同。

表 D.2 推荐草种理论播种量

草种	播种量/(kg/hm^2)	草种	播种量/(kg/hm^2)	草种	播种量/(kg/hm^2)
高麦草	6.5～10	燕麦	50～80	地毯草	4～10
狗牙根	5～7	鸡脚草	4～10	画眉草	1～2.5
黑麦草	22～30	蓝天竺草	1.5～3.5	毛花雀稗	4～10
猫尾草	5～10	草地早熟禾	10～17	雀麦	8～10
草地羊茅	9～22	巴喜亚雀稗	5～8	狗尾草	3～8
苏丹草	16～20	狼尾草	13～18	紫花山麻黄	6～8
牛尾草	18～22	紫羊茅	10～22	老芒麦	18～22
垂穗披碱草	15～18	天蓝苜蓿	9～13	草木樨	9～13
葛藤	4～7	热带葛藤	8～12	白三叶	4～7
红三叶	7～11	杂三叶	5～7	紫野豌豆	40～50
毛苕子	35～40	胡枝子	9～13	紫云英	10～20
百脉根	4～7	沙打旺	6～9	红豆草	50～60
黄花苜蓿	13～18	紫花苜蓿	13～18	小冠花	3～4

附 录 E
（资料性附录）
主要生物护坡工程措施及适用条件

表 E.1 主要生物护坡工程措施特征表

生物措施	技术要点	优、缺点
铺草皮法	异地培育草坪，按一定大小规格铺植于需复绿的坡面	①成坪时间短；②护坡功能见效快；③施工季节限制少；④在陡峭岩面难以施工；⑤物种单一，不利群落演替，根系浅；⑥前期管理难度大
植生带法	采用专用设备将草种、肥料、保水剂等定植在纤维材料上，形成一定规格的夹层带状产品，施工时覆于需复绿的坡面	①精确定量，性能稳定；②出苗齐，成坪快；③纤维等材料大多可自然降解，腐烂后转化为基质层或肥料；④不需机器，施工操作简便，也可与液压喷播、客土吹附、厚层基质配合使用；⑤成本有高有低；⑥陡峭岩面不适合单独施用
三维植被网法	采用特制的固土网垫置于坡面，覆土形成人造土壤层，喷播草（树）种，形成植被	①固土性能优良；②稳定边坡；③保湿；④施工质量控制及苗期管理难度大
香根草篱法	在坡面上按一定间距大致沿等高线密植香根草带	①抗逆性强，适应性广；②生长迅速，根系发达，固土力强；③不需机器，种植简单、经济合理；④不会污染环境；⑤适于土质坡面，硬质岩面上难以种植；⑥冬季枯黄，需剪短，以防火灾
挖沟植草法	在坡面上按一定的行距开挖楔形沟，回填改良客土，并设三维植被网，进行喷播绿化	①适用范围广；②具有三维网；③具有液压喷播的优点；④挖沟麻烦
土工格室植草法	在展开并固定在坡面上的土工格室内填充改良客土，后在格室上挂或不挂网，进行喷播绿化	①植生基础较稳定；②生存环境好；③坡面排水性好；④工艺复杂，成本高
浆砌片石骨架植草法	采用浆砌片石在坡面形成具有截水功能的框架，综合其他方法进行绿化	①具备一定的深层稳定性；②保水性能好；③施工期较长，不利于机械化，成本较高
藤蔓植物法	栽植攀缘性和垂吊性植物，以遮蔽硬质岩陡坡、挡土墙等圬工砌体进行绿化	①简单、成本低；②适用坡率大；③时间长，攀高高度和速度有限
喷混植生法	将含草种、有机质、混凝土等基质喷附在岩石坡面上进行绿化	①稳定性好；②适用范围大，可用于几近垂直的高陡硬岩坡面绿化；③对植物根际环境可能有一定的不良作用
客土吹附法	利用流体力学原理在金属或塑料网上喷播客土、木纤维、草种、保水剂、黏合剂、肥料与水的混合物进行绿化	①能产生比液压喷播更厚的基质层；②适用于坡角50°以下的岩质、土质边坡绿化；③施工效率高，绿化效果好
种子喷播法	将草种、木纤维、保水剂、黏合剂、肥料、染色剂等与水的混合物通过专用喷播机喷射（喷洒）到预定区域的快速绿化法	①机械化程度高；②施工效率高、成本低；③成坪快，覆盖度大；④基质层薄，须在有“土”的坡面上应用，不适宜单独在岩质边坡上应用
栽植木本植物法	栽植灌木、乔木等，并与其他方法相结合，促进多样性群落的形成	①具备遮挡作用，能较快增加绿量；②施工简单；③适用于边坡中局部平缓且基质层厚的区域；④栽植苗的根系不如播种苗（实生苗）发达；⑤抗风能力差

表 E.1 主要生物护坡工程措施特征表(续)

生物措施	技术要点	优、缺点
厚层基质法	利用空气动力学原理在金属或塑料网上喷附由客土、泥炭土、木纤维、保水剂、黏合剂、肥料等混合物组成的厚层基质进行绿化的机械施工法	①能在几近垂直的高陡硬岩坡面上应用,创造厚的基质层;②植物根际生长环境可能优于喷混植生法;③施工效率低于客土吹附法;④施工成本大于客土吹附法
蜂巢格室平铺植生法	自上而下在展开并固定在坡面上的蜂巢格室内填充表土或改良客土,并撒播或喷播建植绿化	①允许坡面自然起伏与不均匀沉降;②近 100 %可绿化面积;③抗冲蚀;④施工便捷;⑤融合生态与工程措施,可与其他工法无缝衔接;⑥成本较高
蜂巢格室叠砌植生法	自下而上在按稳定坡度层层叠置的蜂巢格室内填充表土、改良客土或坡土,然后在各层外露平台上撒播或喷播建植绿化	①允许坡面自然起伏与沉降;②绿化效果好;③抗冲蚀;④施工便捷;⑤可稳固边坡;⑥成本较高
高分子团粒喷播法	按不同坡面坡度和植物对土壤的要求,将重型和轻型基质按单独、交叉、交替几种方式,通过高分子团粒喷播设备喷附到覆网的坡面上,再将种子混合入基质进行喷播种植的施工方法	①耐雨水冲刷,具备很高的水土保持能力;②土壤基质理化性状好,有利于植物生长;③对于不同高度、不同坡度、不同类型的坡面都有较强的适应性;④施工效率高;⑤施工程序复杂,对操作人员的专业化要求高
类壤土基质喷播法	通过仿生技术,采用分层喷播,将植壤土、混合材料、种子等基质喷附在岩石坡面上,模拟出原山体中适合植物生长的高性能类壤土基质结构,达到坡面绿化恢复至原植被的效果,兼具生物防护作用	①恢复至原植被状况,永久性复绿;②重塑土层结构;③乔灌木生长比例与原植被相近;④有效的侵蚀控制性能,表层壤土逐年增厚,3 cm/a～5 cm/a;⑤广泛的地形适应性,生物防护作用明显;⑥优良的持水性和渗水性;⑦100 %生物可降解;⑧施工程序复杂,对操作人员的专业化要求高
高性能植物垫	将植物种子和土壤基质等按一定比例铺设在高性能植物垫中间,形成一种特制柔性生长基质,覆于需复绿的坡面,是一种生态效益良好的立体生态护坡和污染控制的护坡技术	①柔性,允许坡面自然起伏与沉降;②和岩土表面附着性好;③对于不同高度、不同坡度、不同类型的坡面都有较强的适应性;④施工效率高;⑤优良的持水性和渗水性;⑥100 %生物可降解;⑦施工程序复杂,对操作人员的专业化要求高

表 E.2 主要生物护坡工程措施适用条件

措施	适用条件					
	应用地点	边坡状况				最佳施工季节
		类型	坡率	坡高/m	稳定性	
铺草皮法	缓坡	土质及强风化边坡	<1:1	<10	稳定	春、秋
植生带法	陡坎、马道、坡面凹陷处	土质边坡或人工回填	1:1.5～1:2	<10	稳定	春、秋
三维植被网法	坡面	土质及强风化边坡或人工回填	1:1.5～1:1	<10	稳定	春、秋
香根草篱法	缓坡	土质边坡	1:1.5～1:1	<10	稳定	春、秋
挖沟植草法	陡坎、马道、坡面凹陷处	软质岩边坡	1:2.5～1:1	<10	稳定	春、秋
土工格室法	缓坡	岩质边坡	<1:1	<10	稳定	春、秋
浆砌片石骨架植草法	坡面	土质及强风化边坡	1:1～1:1.5	<10	稳定	春、秋
藤蔓植物法	陡坡	各类边坡	>1:0.3	<10	稳定	春、秋
喷混植生法	陡坡	各类边坡	>1:0.3	<100	稳定	春、秋
客土喷附法	陡坡	各类边坡	<1:0.3	<100	稳定	春、秋
液压喷播法	坡面	土质边坡或人工回填	1:1.5～1:2	<100	稳定	春、秋
栽植木本植物法	堤坎、坡脚	土质、缓坡				春、秋
厚层基质法	陡坡	各类边坡	>1:0.3	<100	稳定	春、秋
蜂巢格室平铺	缓坡	土质,全风化	≤1:1	≤20	稳定	春、秋
	陡坡	半风化、岩质	1:1～1:0.5	≤10	稳定	春、秋
蜂巢格室叠砌	缓坡	堆填	小于等于安息角	无限制	稳定	春、秋
高分子团粒喷播法	陡坡	各类边坡	>1:0.3	<120	稳定	春、秋
类壤土基质喷播法	陡坡	各类边坡	<1:0.3	<120	稳定	春、夏、秋
高性能植物垫	缓坡、陡坡均可	各类边坡	<1:1, >1:0.3	<100	稳定	春、秋

注:施工季节应避免大雨、干旱及低温天气。

附　录　F
（资料性附录）
蜂巢格室边坡治理工程设计

F.1　蜂巢格室防渗植草衬砌排水工程

F.1.1　蜂巢格室（以下简称巢室）防渗植草衬砌结构见图 F.1。

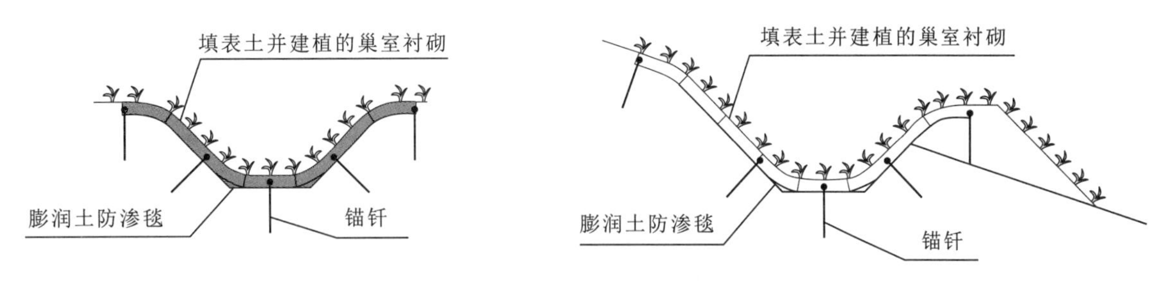

图 F.1　巢室防渗植草衬砌结构图（横剖面图）

F.1.2　沟壁坡度一般缓于 1∶1.5，截面满足峰值排水要求，沟槽间歇水流的短时（1 h～2 h）流速应小于等于 10 m/s，历时 24 h 的流速小于等于 6 m/s。

F.1.3　巢室规格选型见表 F.1。巢室深度大于等于 100 mm。ϕ10～12 的专用钢钎或“J”形钢钎，有效锚固深度大于等于 0.5 m，锚钎密度应满足纵横坡面锚固及巢室定形需要，抗滑动安全系数 1.5，并按巢室长期设计强度进行设计计算。

F.1.4　巢室技术性能要求：焊缝剥离强度大于等于 26 kN/m，宽幅有孔抗拉屈服强度 15±7 % kN/m，高压氧化诱导时间大于等于 400 min，设计年限 25 a、最高环境温度 35 ℃时的长期设计强度 6.9±7 % kN/m。

表 F.1　巢室平铺生态护坡应用条件与巢室规格选型

坡度	土质	坡高/m	巢室焊距/mm	巢室深度/mm
≤34°(1∶1.50)	挖方、填方、土质边坡	无限制	≤712	≥75
≤45°(1∶1.00)	全风化岩	≤20	≤445	≥100
≤53°(1∶0.75)	强风化岩	≤15	≤356	≥120
≤63°(1∶0.50)	强风化岩、半风化岩	≤10	≤356	≥150

F.2　巢室生态护坡工程

F.2.1　巢室平铺生态护坡

F.2.1.1　巢室平铺生态护坡结构见图 F.2.a。

F.2.1.2　用于边坡清方减载工程中的坡度小于等于 1∶0.5 的土质或岩质边坡。护肩宽度一般大于等于 0.5 m,护脚宽度一般大于等于 1.0 m。

F.2.1.3 不同应用条件下的巢室平铺生态护坡的巢室规格见表 F.1。

F.2.1.4 无土工布时抗滑安全系数采用 1.3,有土工布时抗滑安全系数采用 1.5,并按巢室长期设计强度进行设计计算。

F.2.2 巢室叠砌生态护坡

F.2.2.1 巢室叠砌生态护坡多用于坡度小于等于自然安息角的堆填土边坡,其结构见图 F.2.b。

F.2.2.2 巢室焊距一般小于等于 712 mm,叠砌巢室深度 200 mm 或 150 mm,叠砌巢室截面结构数(格数)2 格～3 格,平铺护脚巢室深度大于等于 100 mm,平铺护脚宽度大于等于 1.0 m。

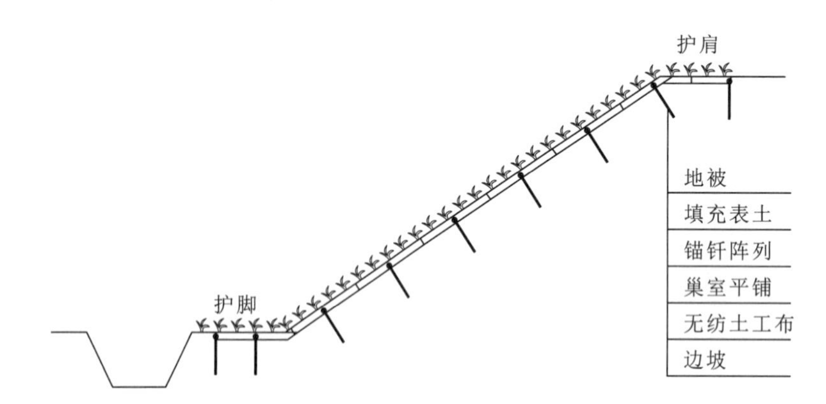

图 F.2.a 巢室平铺生态护坡纵剖面结构图(纵剖面图)

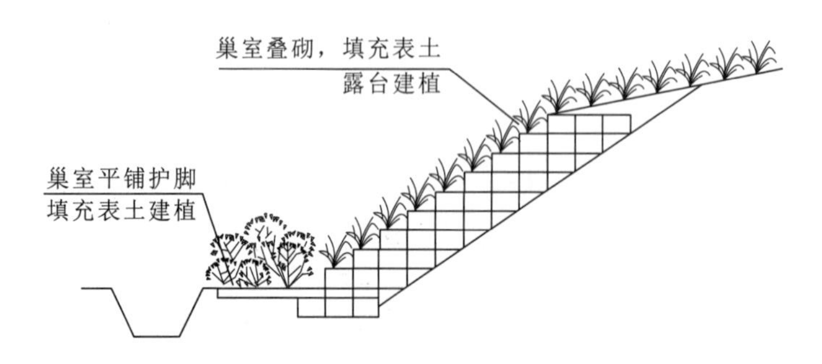

图 F.2.b 巢室叠砌生态护坡纵剖面结构图(纵剖面图)

F.2.3 主动防护网复合巢室平铺生态护坡

F.2.3.1 主动防护网复合巢室平铺生态护坡适用于坡度小于等于 1∶0.5 的挖方边坡,结构见图 F.2.c。

F.2.3.2 绷绳选用钢丝绳或芳纶长丝编织土工带,计算按长期设计强度或安全系数大于等于 3.0 计算。

F.2.4 格构复合巢室生态护坡

F.2.4.1 格构复合巢室生态护坡适用于采用格构稳固后的边坡。

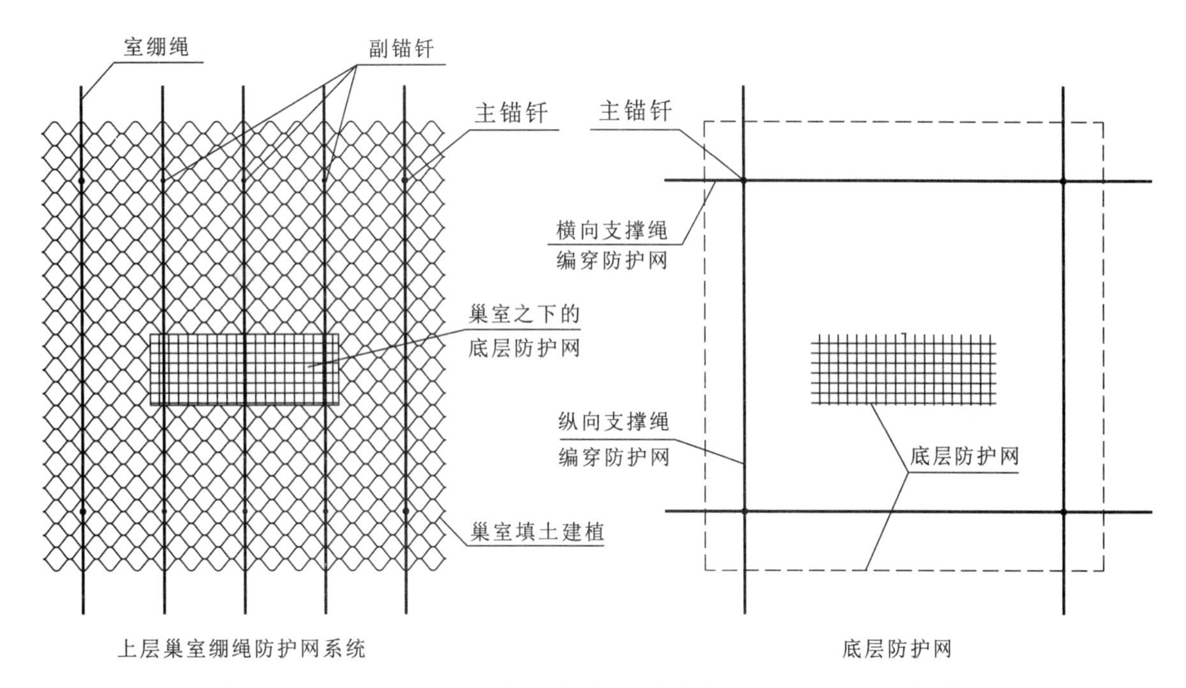

图 F. 2. c　主动防护网复合巢室平铺生态护坡结构图(正视图)

F. 2. 4. 2　有两种应用方式:一是巢室满铺于格构之上,格构顶面一般平齐于坡面;二是巢室平铺于格构中间,格构顶面略高于坡面铺装巢室后的顶面。

F. 3　巢室边坡支挡工程

F. 3. 1　巢室重力墙

F. 3. 1. 1　巢室重力墙结构见图 F. 3. a。

F. 3. 1. 2　适用于墙高小于等于 6.2 m、墙面坡度小于等于 1∶0.1 的边坡。巢室重力墙各层层底的抗侧滑安全系数大于等于 1.5,抗倾覆安全系数大于等于 2.0。基础极限承载力安全系数大于等于 1.0。边坡整体稳定性单独计算。逐层夯实至压实度达到 95 %及以上。

F. 3. 1. 3　巢室规格:焊距一般小于等于 445 mm,巢室高度 200 mm 或 150 mm,截面最小结构数为3 格。

F. 3. 1. 4　巢室技术性能要求:焊缝剥离强度应大于等于 26 kN/m,宽幅有孔抗拉屈服强度应大于等于 15±7 % kN/m,高压氧化诱导时间大于等于 400 min,设计年限 50 a、最高环境温度 35 ℃时的长期设计强度应大于等于 4.3±7 % kN/m。

F. 3. 2　巢室贴壁墙与巢室复合砌石生态挡墙

F. 3. 2. 1　巢室贴壁墙适用于陡峭稳定岩质边坡,结构见图 F. 3. b。

F. 3. 2. 2　巢室复合砌石(或钢筋混凝土)生态挡墙适用于砌石挡墙、钢筋混凝土挡墙等刚性挡墙的墙面绿化或简单巢室挡墙不能满足边坡整体稳定,结构见图 F. 3. c。

F. 3. 2. 3　墙面坡度 1∶0.4～1∶0.1,墙高一般小于等于 20 m(墙面坡度小于等于 1∶0.15,墙高无限制)。巢室规格:焊距小于等于 445 mm,巢室高度 200 mm 或 150 mm,截面最小结构数 3 格。

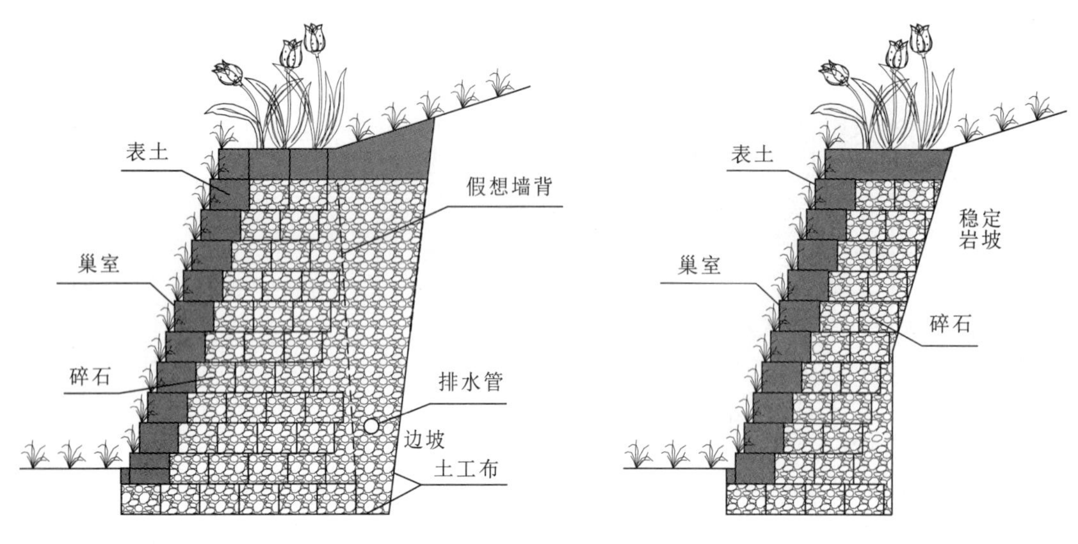

图 F.3.a　巢室重力墙　　　图 F.3.b　巢室贴壁墙

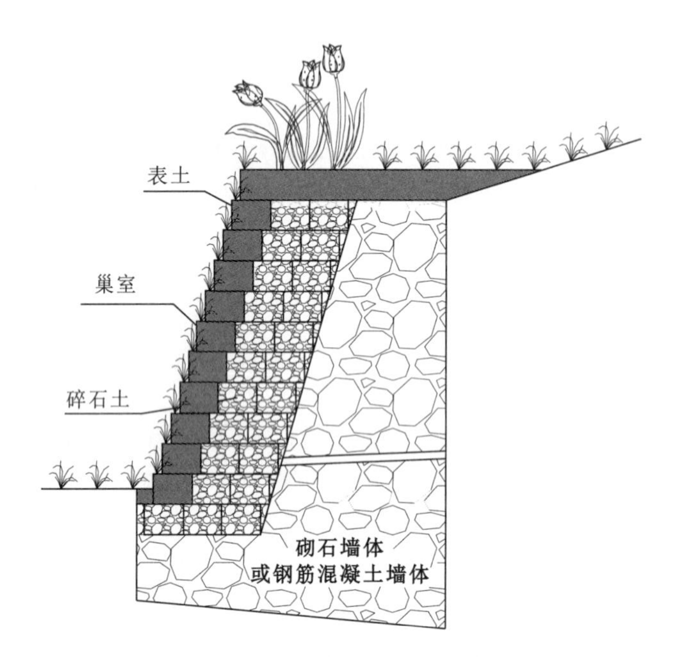

图 F.3.c　巢室复合砌石生态挡墙

F.3.3　巢室土工复合生态挡墙与反压工程

F.3.3.1　巢室土工复合生态挡墙适用于不稳定边坡支挡以及反压工程，结构见图 F.3.d。

F.3.3.2　巢室土工复合生态挡墙的墙高 2 m～20 m，墙面坡度小于等于 1∶0.1。

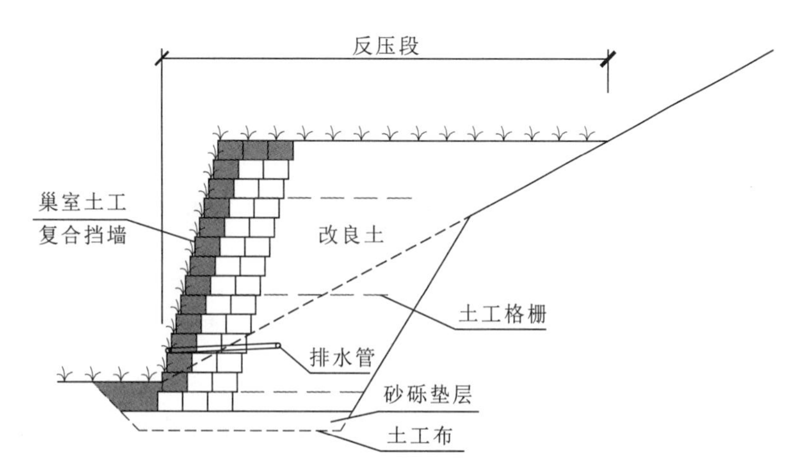

图 F.3.d　巢室土工复合生态挡墙及反压工程

附 录 G
（资料性附录）
高分子团粒喷播法高陡边坡治理工程设计

G.1 高分子团粒喷播法

高分子团粒喷播法是一种专门针对高陡边坡地质灾害治理的一项生物治理技术，是通过制备兼具高附着性、高稳定性，且具有很强的抗冲刷能力和很强的持水性的海绵体结构的团粒土壤基质，利用工程设备将其喷附到裸岩上，并在其上种树植草的一项地质灾害生物治理工程措施。

G.2 工艺流程

具体工艺流程见图G.1。

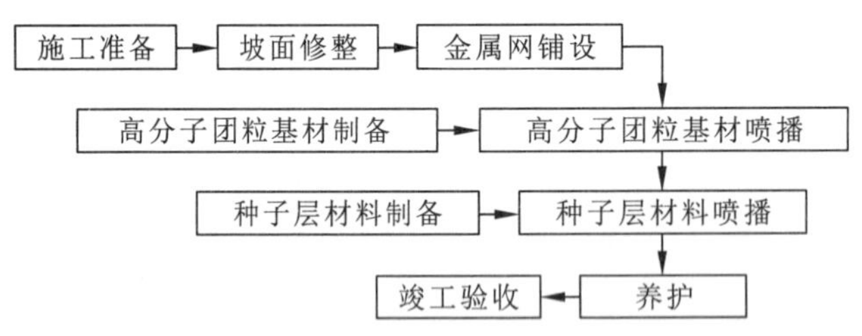

图G.1 高分子团粒喷播施工法工艺流程图

G.3 施工前准备

G.3.1 高分子团粒喷播法施工前应对坡面进行修整，修整后的斜坡应达到整体稳定。

G.3.2 对土坡和破碎岩体构成的斜坡，修整时要挖高填低，尽量使修整后的斜坡表面平缓顺直。

G.3.3 对由坚硬完整岩体构成的斜坡，要清除坡面浮石和松动的岩块，并凿掉突出坡面的岩石棱角。

G.3.4 对局部由坚硬完整岩体构成的较大负面坡角，尽量清除。

G.3.5 对局部不能清除的危岩体，必须进行锚固。

G.3.6 对有景观要求的斜坡，按照景观要求进行整地造型。

G.3.7 修整后的坡面局部最大倾角宜小于等于75°。

G.3.8 对于长、大边坡，坡顶，坡脚以及平台均应设置排水沟，并根据坡面径流量的大小考虑是否设置坡面排水沟。

G.4 铺设金属网固定喷播材料

G.4.1 在修整好的坡面上，金属网的铺设要自上而下进行，并用锚杆固定。

G.4.2 在土坡上铺设金属网，可用木质锚杆对金属网进行固定，木质锚杆直径4 cm～6 cm，长50 cm～80 cm，用手锤钉入即可。

G.4.3 在岩石斜坡上铺设金属网，应用螺纹钢或圆钢做锚杆对金属网进行固定，锚杆直径8 mm～

14 mm，长 30 cm～50 cm，宜用电钻预先钻孔，然后将锚杆钉入。

G.4.4 铺设金属网锚杆的钉入方宜垂直斜坡坡面。

G.4.5 铺设金属网的锚杆要呈“梅花”形分布，锚杆密度一般每平方米不宜低于 1.2 个，锚杆布置见图 G.2。

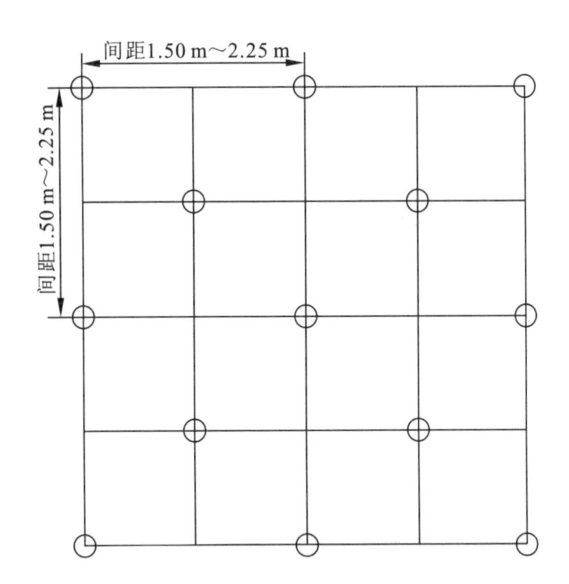

图 G.2 高分子团粒喷播施工法锚杆布置图

G.4.6 铺设金属网时，金属网和锚杆之间、相邻金属网片之间要求用 22 号镀锌铁丝绑扎连接。

G.4.7 铺设在斜坡上的金属网，要用木板或草把垫起，使金属网离开坡面距离 5 cm 左右，木板或草把的长度方向要平行于斜坡走向。

G.5 基质制备

G.5.1 将种植土、草炭土、谷壳、木粉、纤维类材料、肥料、黏合剂、保水剂、稳定剂、团粒剂等材料和水按一定比例混合，制备成具备高分子团粒特性的高分子团粒基质。

G.5.2 主要基质制备材料应满足以下要求：

a） 种植土应为松散、含有有机物质的土壤，具有透水性。

b） 种植土中含有石子等杂物时，要进行筛分。

c） 草炭土应选用品质优的低位泥炭，以增加基质的团粒性。

d） 纤维类材料宜用 6 mm～6.5 mm、吸水性 10～12.5 倍的木纤维。

e） 肥料宜用养分含量高、肥效长、副成分少的复合肥。

G.5.3 基质制备时，各组成材料用量、比例要按当地植物的生长情况、土壤性质和气候条件根据试验确定。

G.5.4 制备好的基质既要有保水性、保肥性，又要有透水性和透气性。

G.5.5 基质喷播到斜坡表面后，要能有效抵抗雨蚀和风蚀，防止水土流失。

G.6 基质喷播

G.6.1 高分子团粒基质喷播前应浇水充分，湿润坡面。

G.6.2 喷播时喷头距离边坡宜在 4 m 以上，并使喷头与坡面保持一定的角度，使混合料喷覆均匀。

G.6.3 喷播时可采用多次喷洒的方法，先从左到右自上而下喷一遍，再从右到左自上而下重叠喷洒一遍，以保证凹凸不平的坡面都能喷到，直至达到设计厚度为止。

G.6.4 高分子团粒基质喷播厚度宜为 6 cm。

G.7 种子层材料制备

G.7.1 种子应选择与当地植物的生理、生态特性相近的，易于大量获得的牧草类、草坪类和灌木类植物种子。

G.7.2 对购买的种子应进行精选和晒种。

G.7.3 混合草种应试验其萌芽情况，其纯度和萌发率均应达到 80 %以上。

G.7.4 种子层材料制备前必须将种子进行消毒杀菌处理，可用 1.5 %～2.0 %的福尔马林溶液浸种 1 h。

G.8 种子层材料喷播厚度

G.8.1 喷播厚度为 2 cm。

G.8.2 喷播后坡面结构见图 G.3。

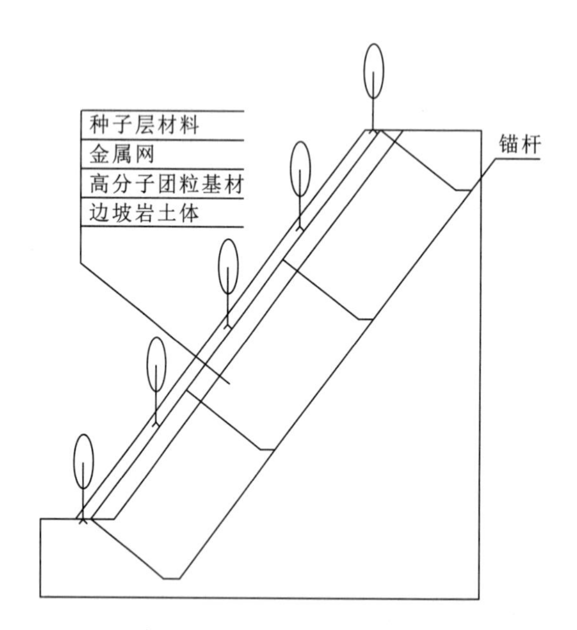

图 G.3 高分子团粒喷播施工法坡面结构图

附　录　H
（资料性附录）
类壤土基质喷播法高陡边坡治理工程设计

H.1　类壤土基质喷播法的特点

类壤土基质喷播法是一种新型的生态护坡技术，适用于水电、公路和铁路等高陡边坡治理和矿山地质环境恢复等领域。通过仿生技术快速模拟出原坡面中适合植物生长的高性能类壤土基质结构，在短期内形成具有生物多样化和可持续演替功能的植物群落，恢复自然生态系统，具有重塑岩面土层结构、恢复乔灌木植物群落比例、抗冲刷等技术特点。为高陡边坡上植物生长提供了最有利的立地条件，恢复后与原坡面植被相似度达 95 %以上，兼具生物防护作用。

H.2　工艺流程

具体工艺流程见图 H.1。

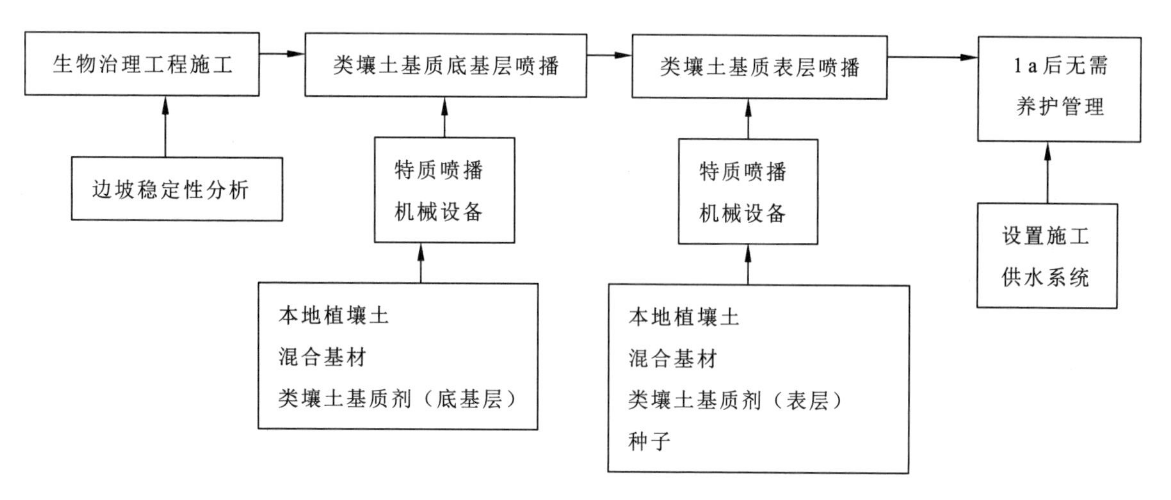

图 H.1　类壤土基质喷播施工工艺流程图

H.3　施工前准备

H.3.1　对拟治理的高陡边坡工程进行地质调查和勘测，查明边坡基本特征、岩土物理力学特性。

H.3.2　收集当地山体或边坡植物群落、气象等资料，充分考虑植物物种多样性，选择有利于植被恢复的先锋植物和适合本地生长的植物品种(优先考虑乡土物种)。

H.3.3　调查原坡面水系自然径流情况，结合施工情况布设坡面水系。

H.3.4　坡面通过削坡减载后，根据坡面立地情况，添加局部或整体坡面清坡工序，使坡面平整、危岩体排除，整体坡面最大坡度小于等于 80°。

H.3.5　根据坡面景观需求，添加坡面平台设置及植物品种色叶搭配。

H.4 类壤土基质喷播基质的配置

H.4.1 基质配制

H.4.1.1 主要以肥沃的当地植壤土为主，并添加有机肥和纤维物等，经过人工拌匀后储存。

H.4.1.2 基质配方及用量见表 H.1。

H.4.2 基质选择和要求

H.4.2.1 基质理化性能指标应满足下列条件：

容重：0.8 g/cm^3～1.2 g/cm^3；有效持水量大于等于 30 %（体积）；有机质大于等于 15 %；含氮大于等于 4.0 g/kg，全磷大于等于 1.0 g/kg，全钾大于等于 10.0 g/kg；pH 值 6.0～7.5；电导率（EC）：0.4 ms/cm～4.0 ms/cm，土壤阳离子交换量（CEC）大于等于 150 mmol/kg 土。

H.4.2.2 基质选择要点如下：

a) 当地植壤土：富含腐殖质及物理性能良好的表土，避免过湿地中的还原性有害物质的土壤。

b) 草纤维：长 3 cm～5 cm，宽 1 mm～3 mm。

c) 粘胶：可降解高分子材料，能溶于水，底基层黏度大于 1 500 CPS，表层黏度大于 800 CPS。

d) 保水剂：粉末状，pH 值 3～9，吸水倍率≥400，吸水速率小于 20 min，不溶于水。

e) 复合肥：($N-P_2O_5-K_2O$)总养分含量为 48%的硫酸钾复合肥，标准按《复合肥国家标准》(GB15063—2001)执行。

f) 类壤土基质剂：多种可降解高分子材料混合而成的一种易溶剂。

表 H.1 基质配方及用量构成表（重量百分比计算）

物料品种	规格		每平方米配量/kg	说明
	底基层	表层		
植壤土	黏壤土		120～150	选表层种植土用孔径 100 mm 的筛过筛
有机肥	腐熟的粪便，含水量低于 20%		5	就近购置动物粪便经过腐熟后
纤维物	纤维长小于 15 cm		6	用稻草纤维、砻糠或阔叶树的腐熟木屑
保水剂	吸水倍率≥400		0.01～0.02	
粘结剂	粘度大于 1 500 CPS	粘度大于 800 CPS	0.015	
复合肥	($N-P_2O_5-K_2O$)19-19-10		0.05	缓释性
微量元素	含土壤微生物的土壤添加剂		0.02	
类壤土基质剂	底基层基质剂	表层基质剂	0.05	
种子	无	乔灌草混合	0.04～0.05	特殊种子要经过催芽处理

H.4.3 种子选择

H.4.3.1 以乡土植物为主，外来植物种子为辅。

H.4.3.2 外来物种必须提供检疫报告。

H.4.3.3 禾本科植物种子质量不低于《禾本科草种子质量分级》(GB 6142—2008)规定的二级标准。

H.4.3.4 所有种子要在使用前进行发芽试验。

H.5 类壤土基质喷播

H.5.1 坡面处理

H.5.1.1 人工清除表面松散块石及杂物，确保坡面平整，为铺平铁丝网打好基础。
H.5.1.2 施工前坡面的凹凸度平均为±10 cm，最大不超过±30 cm。
H.5.1.3 对于光滑岩面，需要通过加密锚杆或挖掘横沟等措施进行加糙处理，以免基质下滑。
H.5.1.4 对于个别反坡，可用生态植物垫回填。

H.5.2 铺网、钉网

H.5.2.1 采用镀锌铁丝网，规格为：14 号；网孔：5 cm×5 cm；网宽：200 cm。
H.5.2.2 将镀锌铁丝网向坡顶上方延伸 60 cm 以上，用短锚钉固定后，回土压实。
H.5.2.3 坡顶固定好后，自上而下挂网，搭接距离不小于 10 cm，确保铺网贴附坡面。
H.5.2.4 坡面结构见图 H.2。

H.5.3 喷播类壤土基质(底基层)

H.5.3.1 将混拌后的类壤土底基层，用喷射泵和空压机送至喷射管口，喷射在挂网后的坡面上。
H.5.3.2 底层基质稠度以既能黏结在岩面上又不致产生流淌为标准。喷层厚度在 5 cm～7 cm，在岩性破碎或岩石坚硬坡段，喷层厚度可适当增加。
H.5.3.3 施工时一定要核准各种材料混合比例、用水量，并根据试验结果进行配制。

H.5.4 喷播类壤土基质(表层)

H.5.4.1 底层基质喷射完成后，待达到一定强度后，接着第二次喷射含种子的类壤土表层基质。
H.5.4.2 将事先选好的适合该区域本山坡生长的根系发达、抗性强、耐贫瘠、耐干旱、抗高温、较耐寒的草种及树种(主要是进口草种及乡土草种、树种)混合，加入过筛后的腐殖土、黏结剂、纤维、缓释复合肥及类壤土表层剂，搅拌均匀后，喷射在混合土层(底基层)上，喷层厚度在 7 cm～8 cm。
H.5.4.3 最终喷射底基层与表层材料合计厚度应为 12 cm～15 cm。
H.5.4.4 喷播后坡面结构见图 H.3。

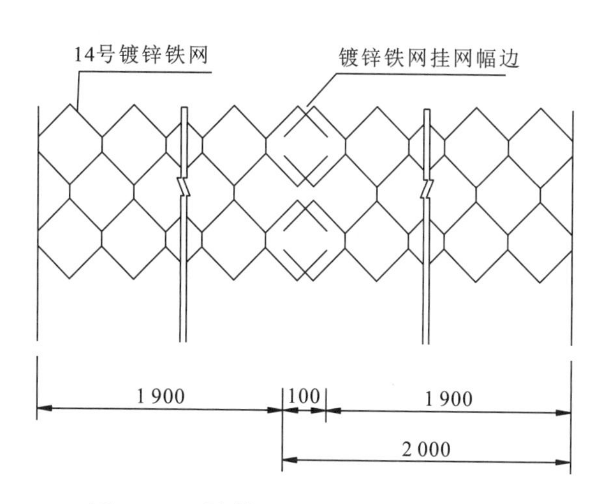

图 H.2 镀锌网连接及结构示意图

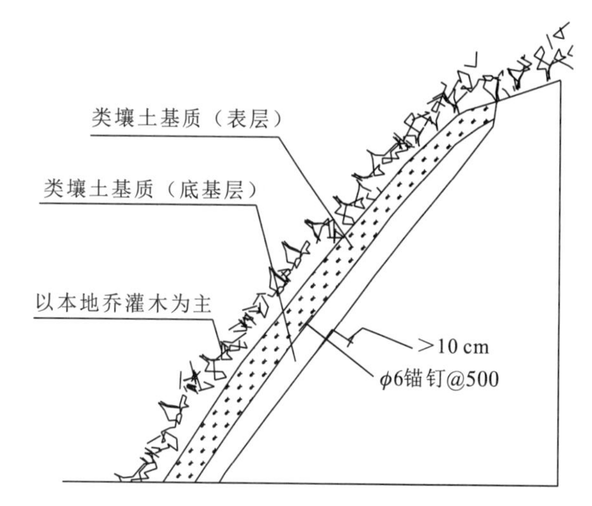

图 H.3 类壤土喷播法坡面结构图

附 录 I
（资料性附录）
高性能植物垫边坡治理工程设计

I.1 高性能植物垫边坡治理技术特点

高性能植物垫是以植物学、土力学等学科为基础，将植物种子和土壤基质等按一定比例铺设在高性能植物垫中间，形成一种特制柔性生长基质的边坡治理新技术。施工时覆于需复绿的坡面，能迅速形成适合植物生长的立地条件。该技术克服了传统护坡工程中刚性裸露硬面层的弊端。

I.2 施工前准备

I.2.1 排除危岩体，稳定坡面，整修坡面后，开挖沟槽用以固定植物垫。

I.2.2 对治理区进行林相调查与地质勘查，调查本地乡土物种与有利于植被恢复的先锋植物，充分考虑植物物种多样性。

I.2.3 调查原坡面水系自然径流状况，布设坡面排水系统。

I.3 高性能植物垫主要组成

I.3.1 植物垫主体

I.3.1.1 植物垫主体采用优质抗紫外线聚丙烯(PP)纤维针刺热熔土工布加工而成。

I.3.1.2 植物垫材料质量 100 g/m^2～160 g/m^2，其力学参数和等效孔径指标满足国家标准(等效孔径为 0.07 mm ～0.20 mm)要求，并与柔性边坡稳定性匹配。

I.3.1.3 对植物非常友善，植物根茎能自由穿透垫体快速生长。

I.3.1.4 植物垫主体技术参数见表 I.1。具体成型规格可以根据项目的要求进行调整。

表 I.1 植物垫主体技术参数

克重/(g/m^2)	纵向抗张强度/(kN/m)	横向抗张强度/(kN/m)	涨破强力/kPa
100	2.5	2.5	1 000
120	3.2	3.2	1 000
140	3.8	3.8	1 000
160	4.1	4.1	1 000

I.3.2 植物垫自锁绳

I.3.2.1 植物垫自锁绳为直径大于等于 3 mm、强抗拉型三股编织黑色包芯丙纶绳，具有抗紫外线和单向自锁功能。

I.3.2.2 自锁绳设于垫口下方约 8 cm～10 cm 处，能控制由人为因素造成的垫体间大小差异导致的坡体不稳定。

I. 3. 3　多维加筋连接扣

多维加筋连接扣是将植物垫单体连接成一个整体的紧锁构件。其材质及环保性能与植物垫主体相符。

I. 3. 4　基质配置与植物种子

I. 3. 4. 1　采用类壤土基质，主要以肥沃的当地植壤土为主，并添加有机肥和纤维物。
I. 3. 4. 2　植物种子以乡土植物为主、外来植物种子为辅。
I. 3. 4. 3　所有种子要在使用前进行发芽试验。
I. 3. 4. 4　具体基质与种子指标需结合区域气候条件以及植物选型确定。

I. 4　高性能植物垫性能要求

I. 4. 1　具有坡面植被层形成前的先锋培育、抗冲刷作用。
I. 4. 2　具备良好的力学性能、纵向排水性能、延伸性能及较高的耐生物、耐酸碱、耐老化等化学稳定性能。
I. 4. 3　具有合理孔径范围、曲折的孔隙分布、优良的渗透性能和过滤性能。
I. 4. 4　具有高性能的柔性生长基质，无毒无污染，100%生物可降解，腐烂后转化为基质层或肥料，不会对环境造成二次污染。

I. 5　高性能植物垫铺设要求与检验标准

I. 5. 1　可适用于坡度小于 45°或大于 70°的各类土质和岩质边坡。坡率采用坡度尺量取，每 100 m^2 抽检 1 处；坡高采用测量仪器，沿坡脚线长每 20 m 检查 1 处。
I. 5. 2　现场检查植物垫质量、规格是否符合设计要求，并核查相关的质量合格证等资料。
I. 5. 3　清除坡面杂草和大块碎石以及其他杂物，使坡面达到基本平整、固定植物垫要求。
I. 5. 4　由坡面下方至上方依次将植物垫自然叠垒，放置时将植物垫拉直、放平。植物垫的接头处应重叠 50 mm～100 mm，植物垫上下两端应置于矩形沟槽，并填土压实。
I. 5. 5　在铺置好植物垫后，于植物垫面层铺挂镀锌铁丝网：一般采用 12 号或 14 号镀锌铁丝，网眼直径 40 mm～50 mm。坡顶固定好，自上而下铺设，网与网之间采用平行对接。
I. 5. 6　轴线位置允许偏差±50 mm，每 20 m 用经纬仪或全站仪检查 3 个点。
I. 5. 7　断面尺寸允许偏差±40 mm，每 20 m 用水准仪检查 1 个点。
I. 5. 8　坡度允许偏差±0.5%，每 20 m 用铅锤线检查 3 处。
I. 5. 9　表面平整度(凹凸差)± 30 mm，每隔 20 m 用 2 m 的直尺检查 3 处。
I. 5. 10　铺设用过筛后的细粒土覆盖，覆土厚度约 10 mm～15 mm。覆土后洒透水，使植物垫完全湿润。
I. 5. 11　施工季节为春、秋季，应尽量避免夏季高温与暴雨天气。

附　录　J
（资料性附录）
泥石流形成区生物护坡工程设计图

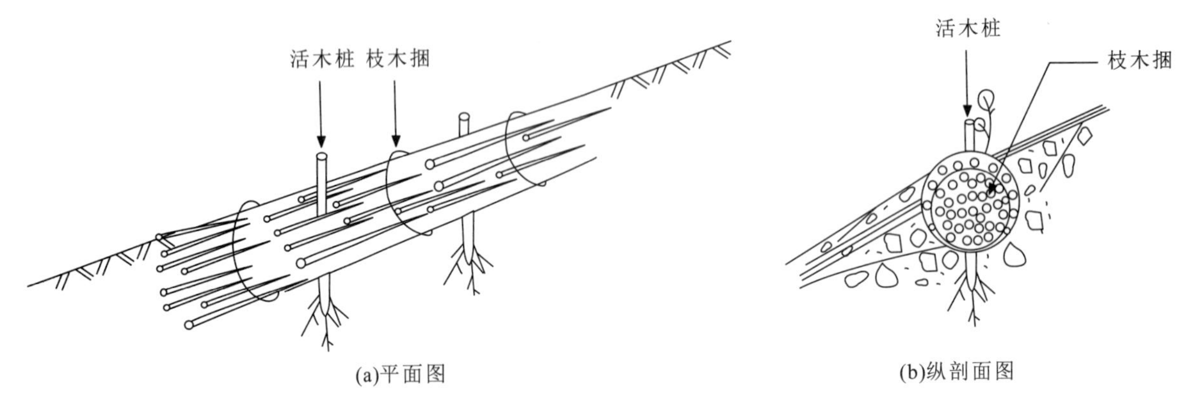

图 J.1　坡面枝木捆结构图

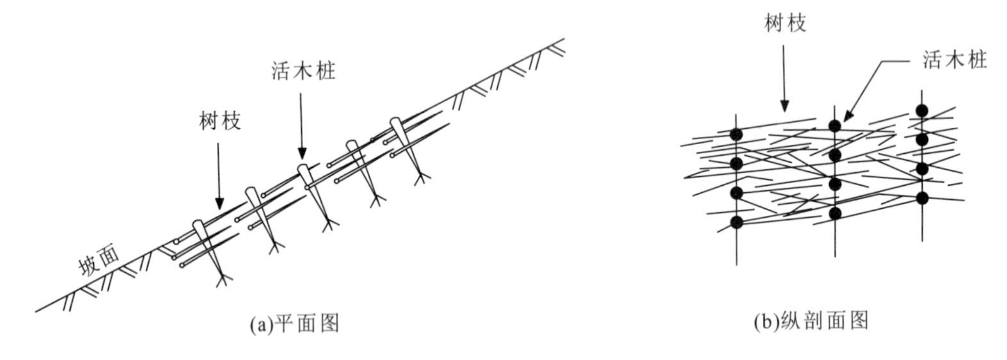

图 J.2　陡坡树枝挂网设计图

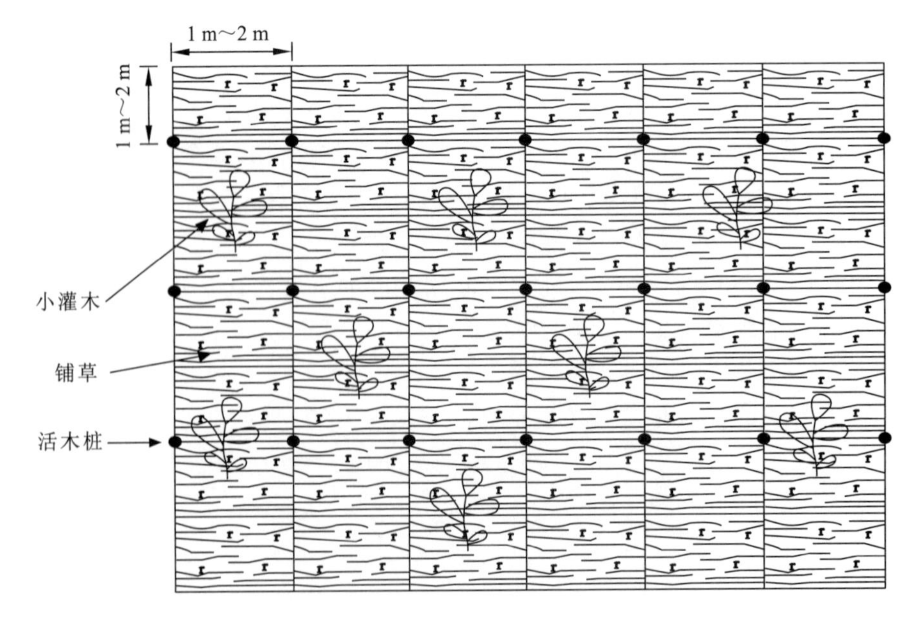

图 J.3　坡面铺草挂网平面图

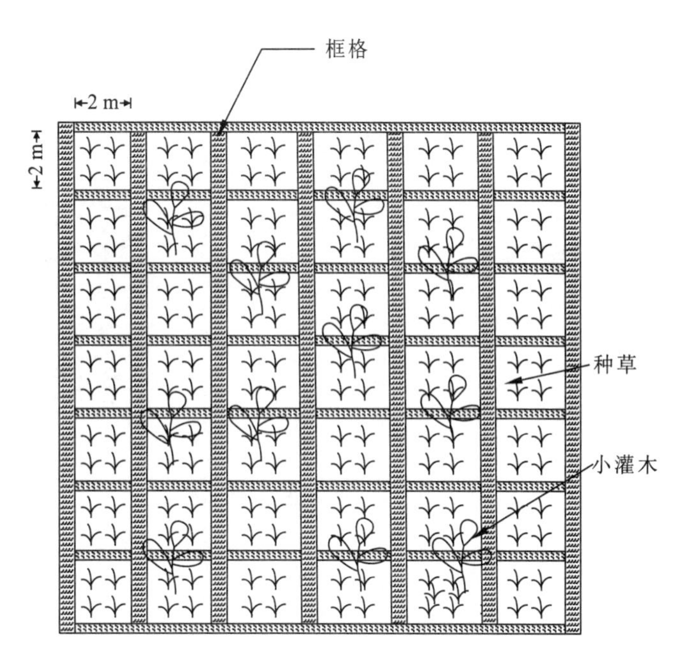

图 J.4 框格护坡绿化设计平面图

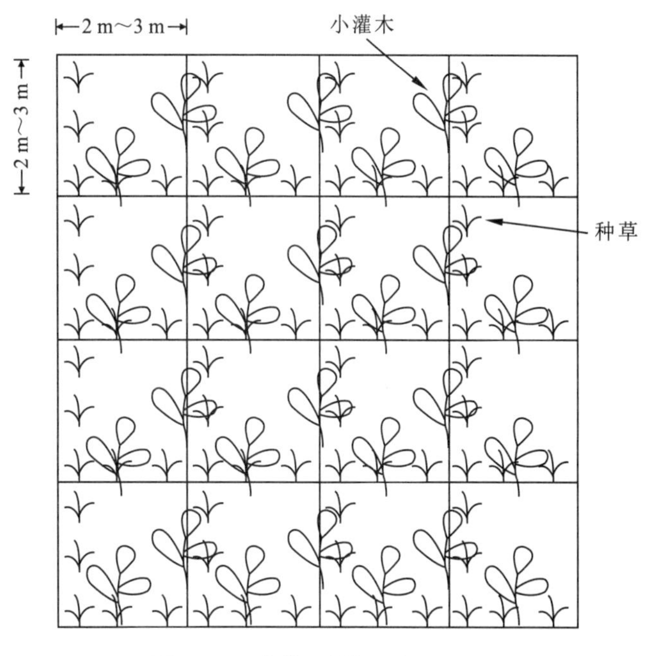

图 J.5 生物网格工程平面图

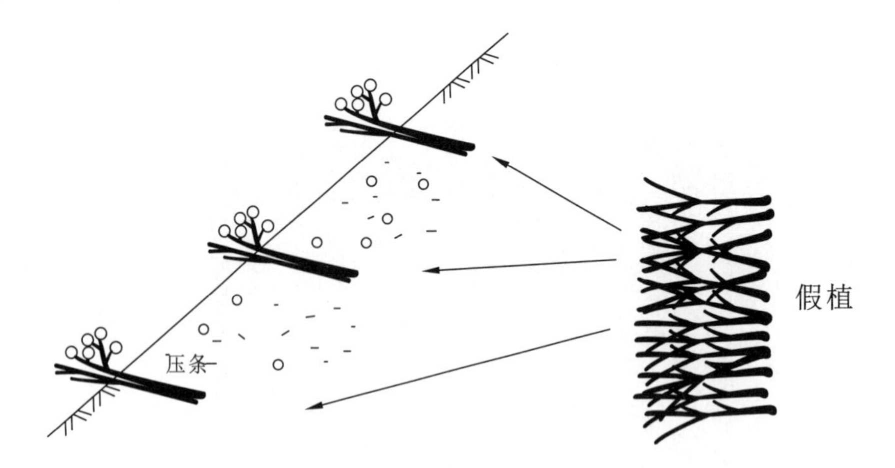

图 J.6　压条法纵剖面图

附 录 K
（资料性附录）
泥石流生物固床工程设计图

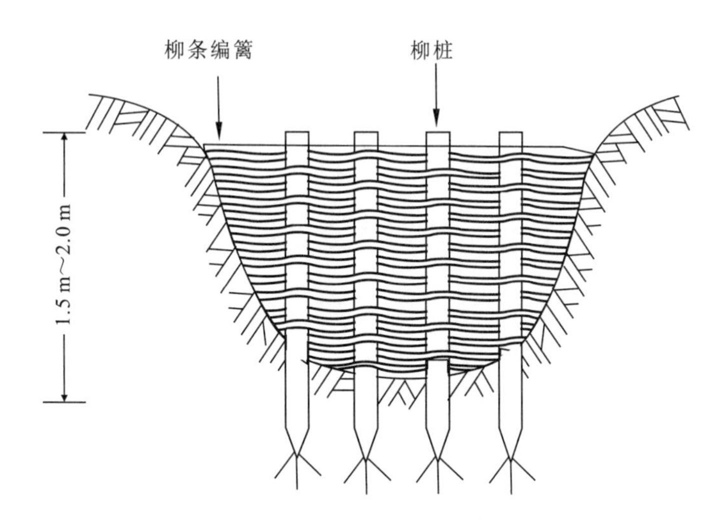

图 K.1 编柳土谷坊立面图

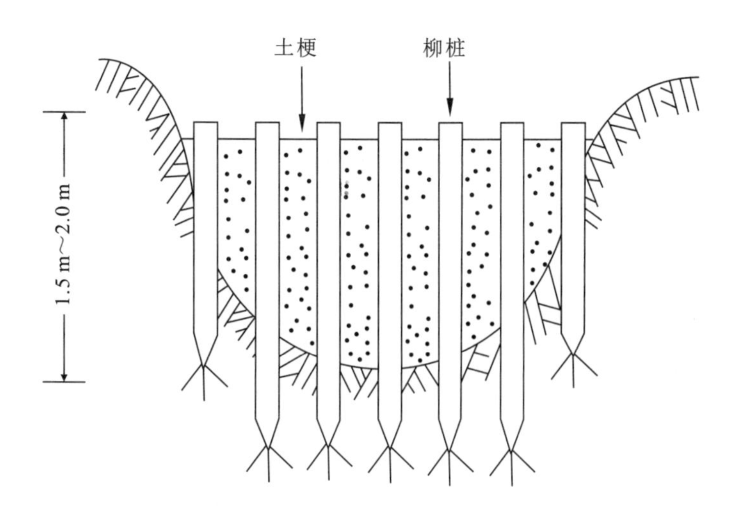

图 K.2 插柳土谷坊立面图

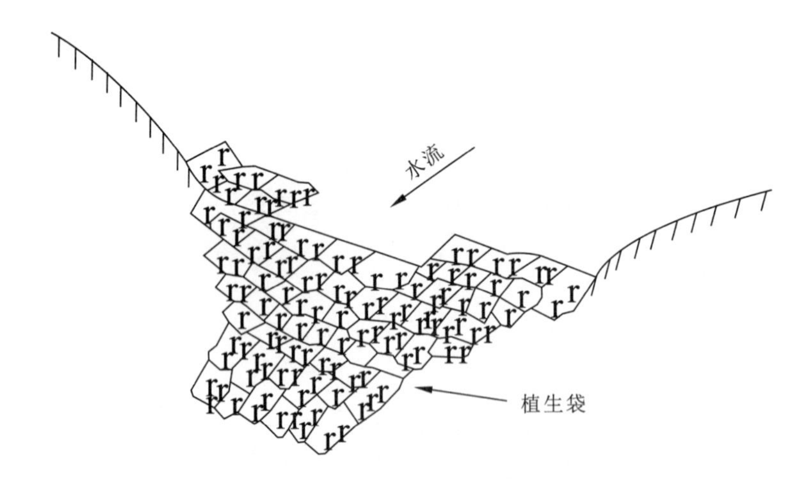

图 K.3　植生袋谷坊立面图

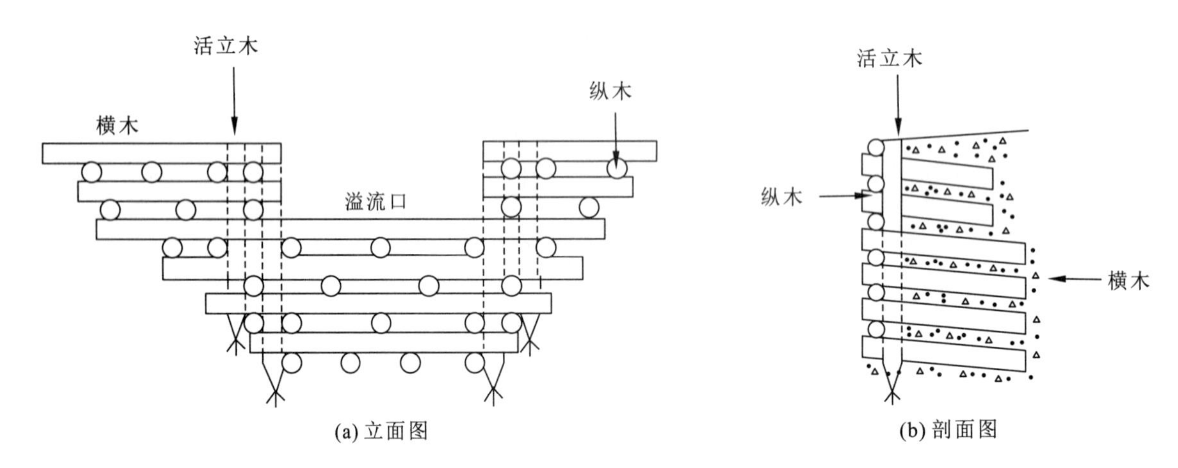

图 K.4　木谷坊结构图

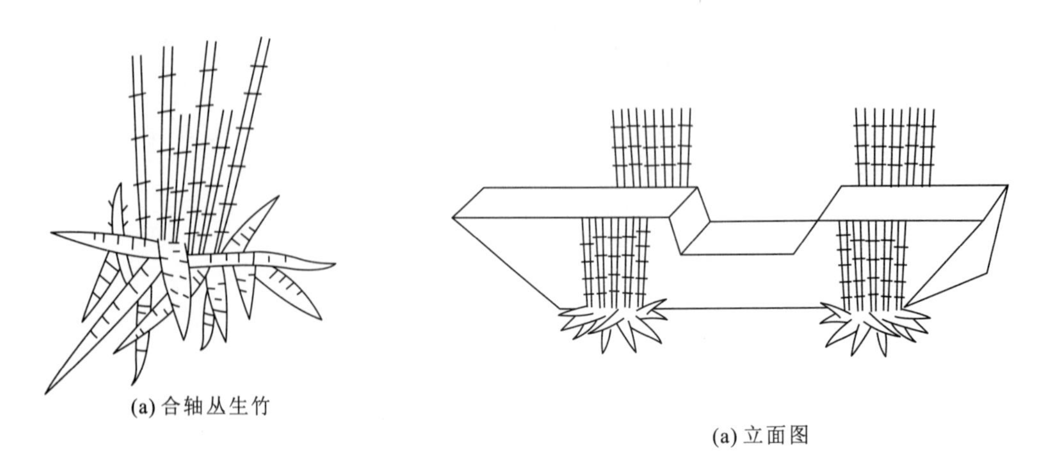

图 K.5　竹谷坊设计图

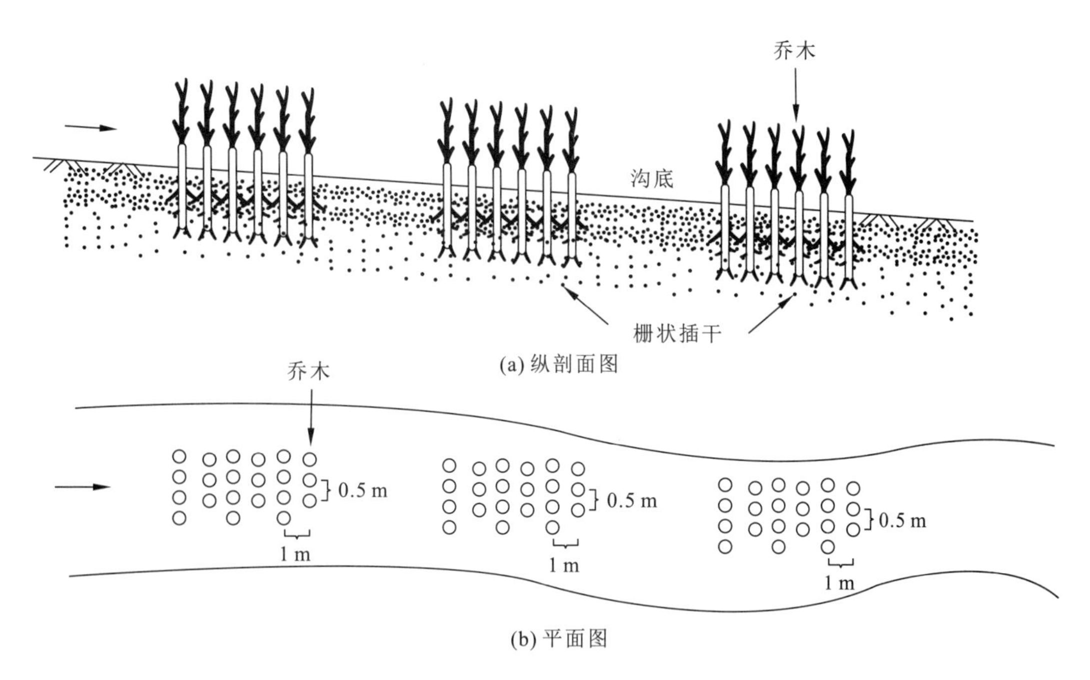

图 K.6 栅状造林设计图

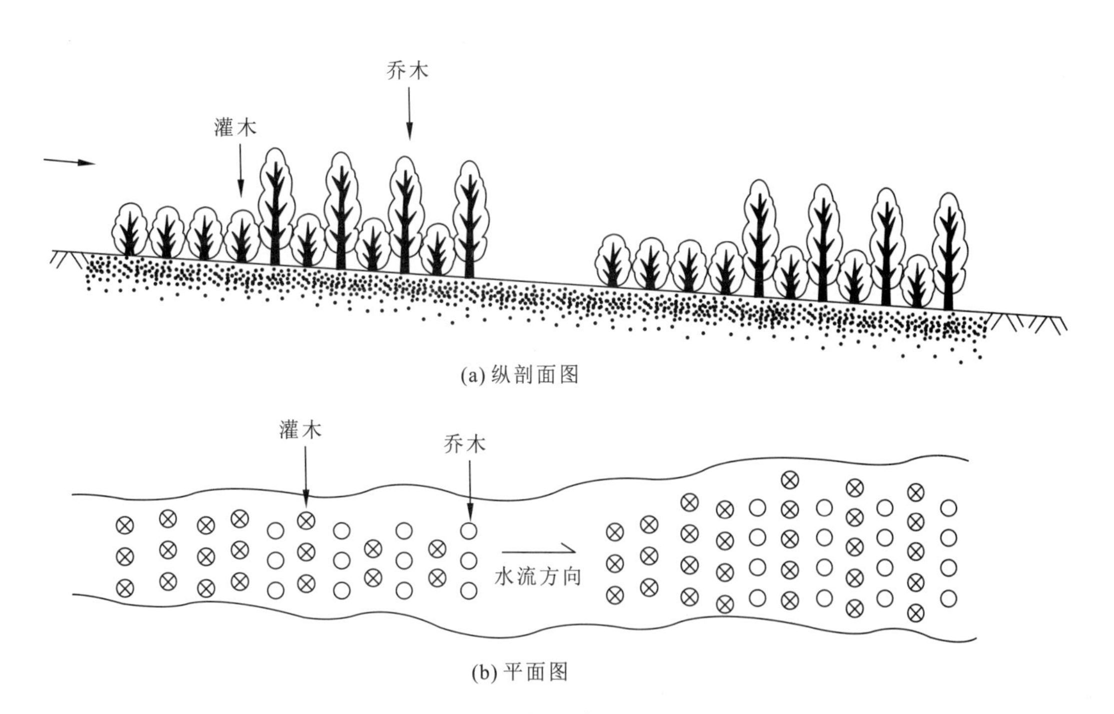

图 K.7 片状造林设计图

附 录 L
（资料性附录）
泥石流生物拦挡工程设计图

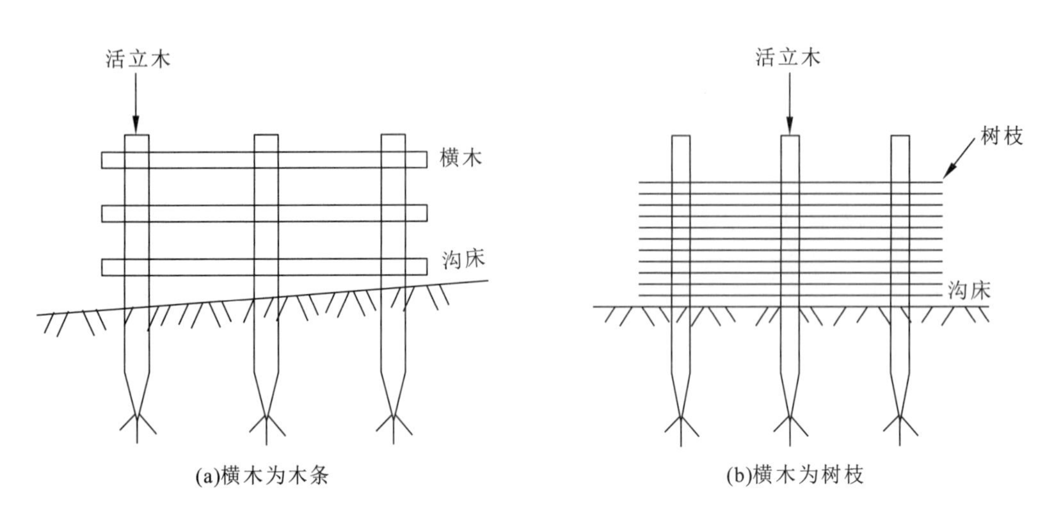

(a)横木为木条 (b)横木为树枝

图 L.1 树枝围栏立面图

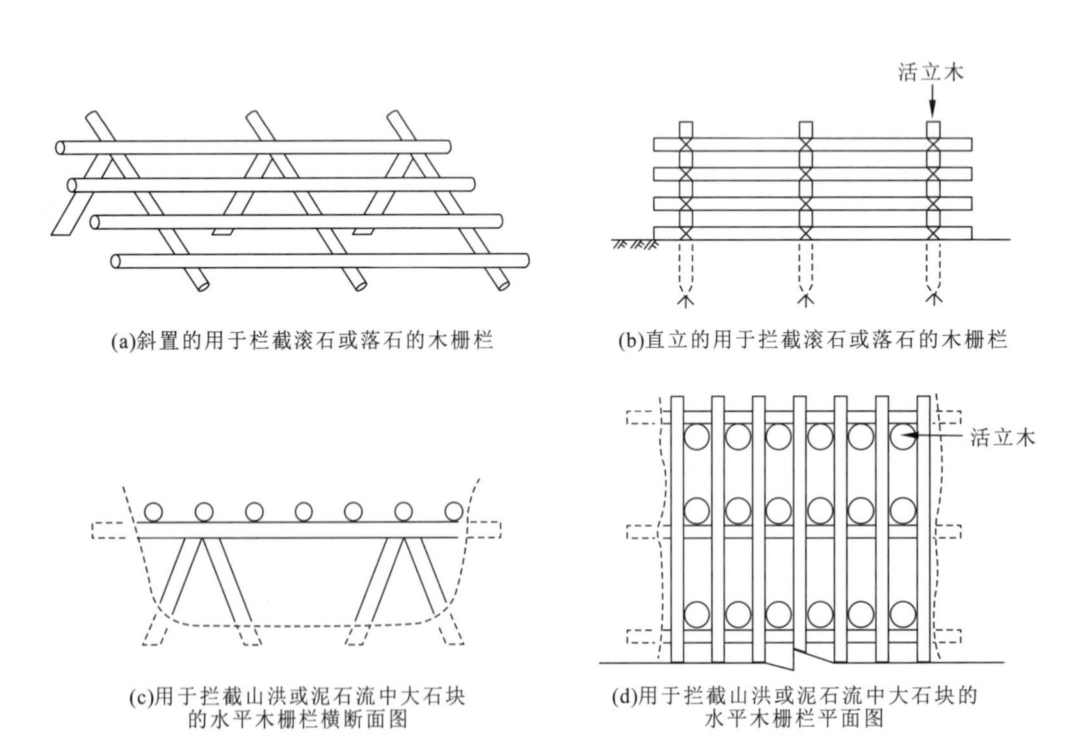

(a)斜置的用于拦截滚石或落石的木栅栏

(b)直立的用于拦截滚石或落石的木栅栏

(c)用于拦截山洪或泥石流中大石块的水平木栅栏横断面图

(d)用于拦截山洪或泥石流中大石块的水平木栅栏平面图

图 L.2 木栅栏结构图

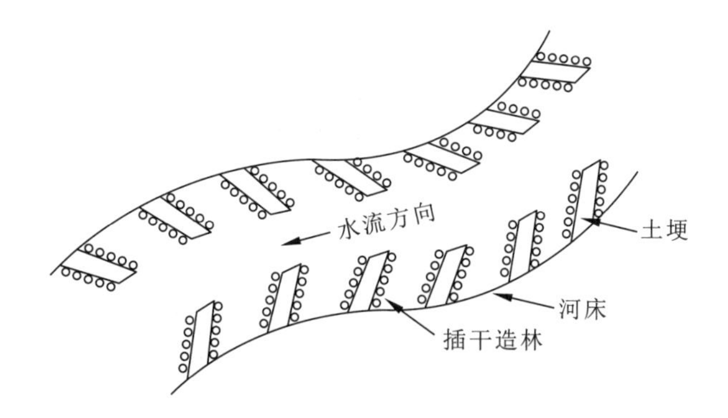

图 L.3 “雁翅”形造林平面图

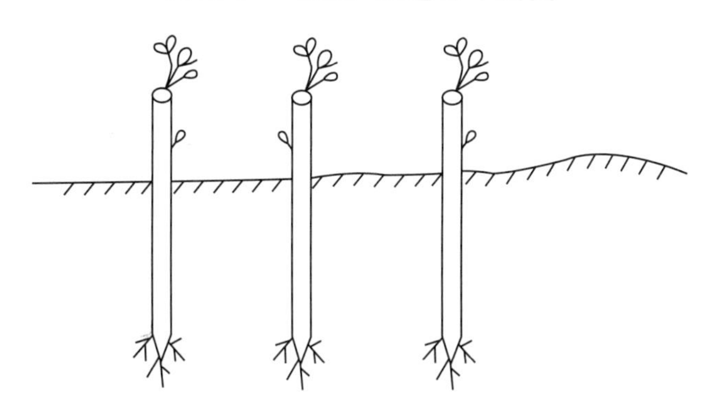

图 L.4 活木桩护岸立面图

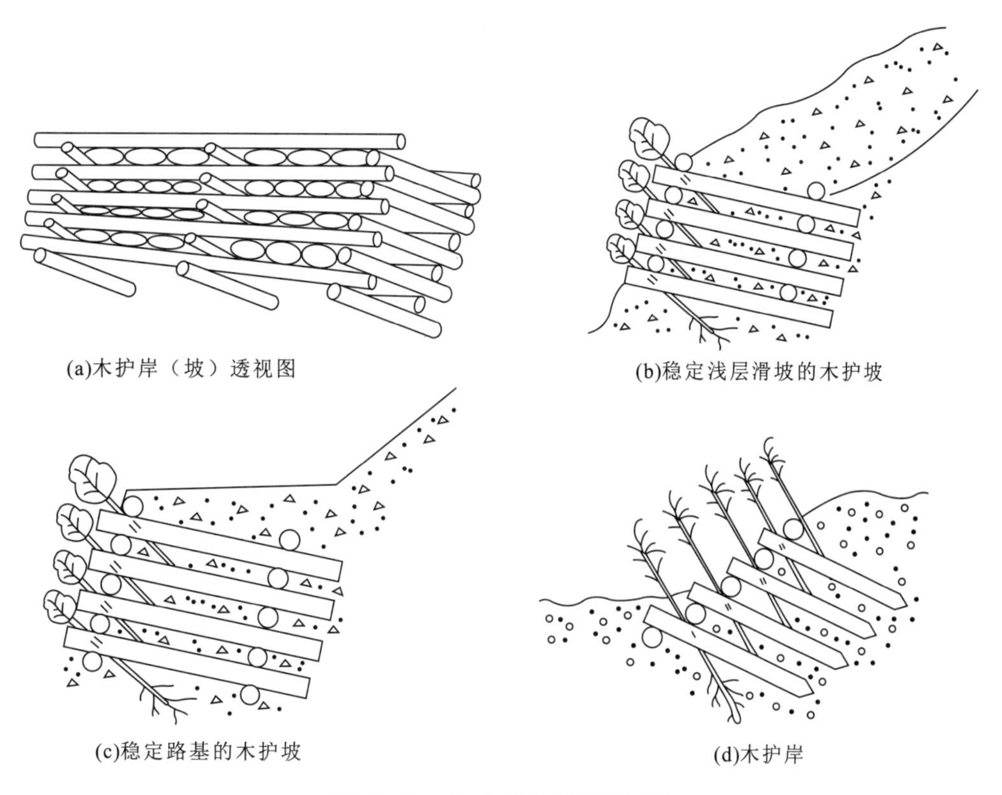

图 L.5 木护岸(坡)结构图

附 录 M
（资料性附录）
泥石流生物排导工程设计图

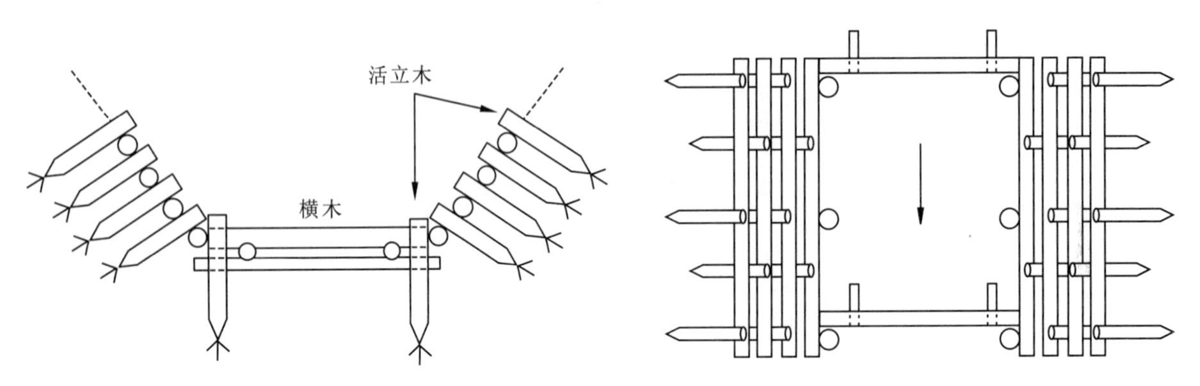

(a)岸坡较陡段的木排导槽（左为横断面图，右为平面图）

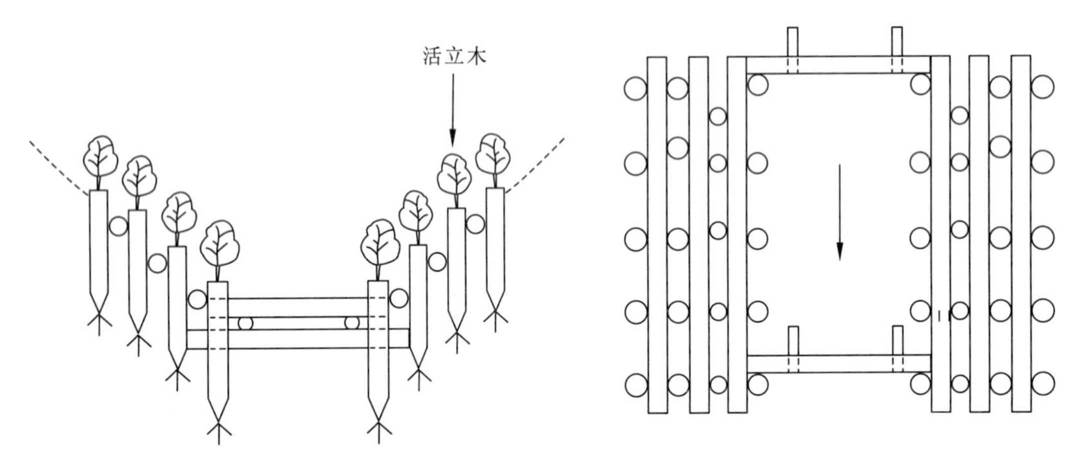

(b)岸坡较缓段的木排导槽，纵木间栽植有灌木（左为横断面图，右为平面图）

图 M.1 圆木排导槽结构图

附　录　N
（规范性附录）
生物治理工程质量评价标准

表 N.1　施工 3 个月的验收标准

验收评价		施工 3 个月后的植物生长状态
木本群落类型	合格	草本覆盖率 30 %～50 %，木本类 10 株/100 m^2 或草本覆盖率 50 %～70 %，木本类 5 株/100 m^2
	保留	草本覆盖率 70 %～80 %，木本类 1 株/100 m^2 到处可见发芽，但边坡整体看起来呈裸地状，该种情况待 1～2 个月后再观察（如果是在不当时期施工的情况下）
	不合格	生长基流失，可预见植物不能顺利成长，需重新施工 或草本覆盖率 > 90 %，压迫木本植物，应剪草后看情况采取措施
草地型	合格	距离边坡 10 m 进行观察，边坡整体呈现“绿”的景观，植被覆盖率 70 %～80 %
	保留	发芽数超过 10 株/m^2，生长迟缓，待 1～2 个月后再观察；或植被覆盖率处于 50 %～70 %的程度
	不合格	生长基流失，可预见植物不能顺利成长，需重新施工 或植被覆盖率小于 50 %

表 N.2　客土喷附类生物治理工程验收评价表

评价项目	工程质量			评价方法
	不合格	合格	优良	
基质流失状况	有明显沟蚀	有少量流失	无流失	目测及拍摄照片
基质收缩裂缝	有大量收缩裂缝	有少量裂缝	基本无裂缝	
基质保留状况	＜90 %	90 %～95 %	＞95 %	
喷射厚度/设计厚度	＜60 %	60 %～80 %	＞80 %	每 1 000 m^2 边坡随机抽取 20 个点测试，取其平均值
基质团粒结构	＜60 %	60 %～80 %	＞80 %	按《森林土壤水分-物理性质的测定》(LY/T 1215—1999)测定
有效持水量	＜30 %	30 %～40 %	＞40 %	按《森林土壤水分-物理性质的测定》(LY/T 1215—1999)，《森林土壤最大吸湿量的测定》(LY/T 1216—1999)及《土壤全氮测定法(半微量开氏法)》(NY/T 53—1987)测定

表 N.2　客土喷附类生物治理工程验收评价表(续)

评价项目	工程质量			评价方法
	不合格	合格	优良	
基质 pH 值	<6.0 或>7.5	6.0～6.5 或 7.0～7.5	6.5～7.0	按《森林土壤 pH 值的测定》(LY/T 1239—1999)测定
植被覆盖率	<70 %	70 %～85 %	>85 %	每 1 000 m^2 边坡随机抽取 10 个 1 m×1 m 测试,取其平均值
病虫害发生率	>30 %	20 %～30 %	<20 %	每 1 000 m^2 边坡随机抽取 10 个 1 m×1 m 测试,取其平均值
颜色(绿)	<60 %	60 %～85 %	>85 %	每 1 000 m^2 边坡随机抽取 10 个 1 m×1 m 测试,取其平均值
根系状况	根系不发达	根系发达,互相缠绕,少量根系扎入岩层裂隙	根系纵横交错,大量根系扎入岩层裂隙	现场检测
注:种植类验收标准为成活率大于 90 %。				

表 N.3　施工后生物治理工程跟踪评价标准

目标	时期	指标与范围		验收评价
地表的安定	初期(施工后 3 a～5 a)	表土移动状况(a)	植被发达程度(b)/%	优:a1b1 良:a1b2,a2b1 不良:a2b2,a1b3,a3b1 极不良:a2b3,a3b2,a3b3
		1:完全停止	1:密 71～100	
		2:基本停止	2:中 31～70	
		3:移动扩大	3:疏 <30	
林带的形成	中期(施工后 5 a～10 a)	林冠发达程度(c)	地被物发达程度(d)/%	优:c1d1 良:c1d2,c2d1 不良:c2d2,c1d3,c3d1 极不良:c2d3,c3d2,c3d3
		1:密 71～100	1:密 71～100	
		2:中 31～70	2:中 31～70	
		3:疏 <30	3:疏 <30	
土壤的改善	安定期(施工后 10 a)	高木类的成长(地位)(e)	A 层的发达(f)/cm	优:e1f1 良:e1f2,e2f1 不良:e2f2,e1f3、e3f1 极不良:e2f3,e3f2,e3f3
		1:上层	1:厚 >10	
		2:中层	2:中 5～10	
		3:下层	3:薄 <5	
注 1:植被的发达、林冠的发达、地被物的发达程度均以植被覆盖率(%)为标准。 注 2:综合判定优、优良者优良,不良者为合格,极不良者为不合格。				

附　录　O
（规范性附录）
地质灾害生物治理工程的设计内容

O.1　可行性方案的设计内容

O.1.1　可行性方案设计报告

包括下列内容：①概述，包括任务来源、工程目的及意义；②治理的必要性与紧迫性，包括地质灾害的类型、成因、特征、危害及灾害损失、发展趋势等；③治理目标任务及可行性论述，包括具体目标、质量标准和主要工作内容、工程实施的地质、地貌、水文气象及生物治理工程立地条件、治理方案及比选、推荐方案等；④技术设计的依据，包括各类标准、规范、技术文件、项目批文等；⑤地质灾害生物治理工程设计，包括推荐的治理方案内容、生物治理工程的措施类型、数量及平面布置、结构设计等；⑥工程投资估算，包括投资估算编制依据、标准、定额、估算说明；⑦生物治理工程监测要求，包括监测点位、内容、方法和仪器设备等；⑧施工组织及进度，包括实施单位、项目人员组成及实施进度计划；⑨抚育养护管理要求，包括生物治理工程的抚育管护时间、目标、技术及措施要求；⑩治理工程效益评价，包括预期防治效果，治理工程的社会效益、经济效益、防灾减灾效益及生态环境效益评价分析；⑪结论及建议，包括可行性研究的主要结论及后续工作的建议。

O.1.2　设计方案图册

包括不同治理方案的工程布置总平面图、分项工程布置平面图、工程纵剖面图、代表性横断面图及主要措施结构图。

O.1.3　工程投资估算书

分为估算编制说明和估算表两部分。估算编制说明包括各方案的生物治理工程概况、主要工程量、估算编制依据及费用标准（文件、定额及资料依据）、单价分析计算（基础单价、工程单价及其他费用）、工程总投资；估算表包括总估算表及各项工程、投资及单价分析、材料单价、人工单价等表及附表。

O.2　初步设计阶段的设计内容

O.2.1　初步设计报告

包括下列内容：①概述，包括项目来源、工程目的及意义，治理目标任务、项目可行性研究报告批复的工程区位置、范围、地质灾害危害、损失等；②技术设计的依据，包括各类标准、规范、技术文件、项目批文等；③地质灾害概况，包括地质灾害发育背景条件、类型、成因、特征、危害及灾害损失、发展趋势等；④生物治理工程的背景条件，包括治理区的气象、水文、土壤、植被类型及生长等立地条件，社会经济，自然灾害，生态及水土流失等；⑤地质灾害生物治理工程设计，包括工程可行性研究批复的治理方案具体内容、生物治理工程的措施类型、工程数量及平面布置、结构设计等；⑥工程投资概算，包括投资概算编制依据、标准、定额、概算说明等；⑦生物治理工程监测设计，包括监测点位、内容、方法和仪器设备等;⑧施工组织设计,包括实施单位的项目人员组成、质量管理体系及质量保证措施、安全文明施工措施、实施的主要时间计划等;⑨抚育养护管理及生态环保规划设计,包括生物治理工程的抚育管护时间、目标、技术及措施要求,以及施工中的生态环保措施及要求;⑩治理工程实施效果评价,包括治理工程的社会效益、经济效益、防灾减灾效益及生态环境效益。

O.2.2 初步设计图册

包括推荐方案(批复的治理方案)的工程布置总平面图、生物治理分项工程布置平面图、工程纵剖面图、代表性横断面图、生物治理分项工程初步的结构设计图、施工组织平面图。

O.2.3 工程投资概算书

分为概算编制说明和概算表两部分。概算编制说明包括推荐的生物治理工程概况、主要工程量、概算编制依据及费用标准(文件、定额及资料依据)、单价分析计算(基础单价、工程单价及其他费用)、工程总投资;概算表包括总概算表及各项工程、投资及单价分析、材料单价、人工单价等表及附表。

O.3 施工图设计阶段的设计内容

O.3.1 施工图设计说明书(施工设计报告)

包括下列内容:①概述,包括项目来源、工程目的及意义,治理目标任务,工程区位置、范围,地质灾害危害、损失等;②技术设计的依据,包括各类标准、规范、技术文件、项目批文等;③地质灾害概况,包括地质灾害发育背景条件、类型、成因、特征、危害及灾害损失、发展趋势等;④生物治理工程的背景条件,包括治理区的气象、水文、土壤、植被类型及生长等立地条件,社会经济,自然灾害,生态及水土流失等;⑤地质灾害生物治理工程设计,包括生物治理工程的措施类型、工程数量及平面布置、结构设计等;⑥工程投资预算,包括投资预算编制依据、标准、定额、预算说明等;⑦生物治理工程监测设计,包括监测点位、内容、方法和仪器设备等;⑧施工组织设计,包括实施单位的项目人员组成、质量管理体系及质量保证措施、安全文明施工措施、实施的主要时间计划等;⑨抚育养护管理及生态环保规划设计,包括生物治理工程的抚育管护时间、目标、技术及措施要求,以及施工中的生态环保措施及要求;⑩治理工程实施效果评价,包括治理工程实施后的社会效益、经济效益、防灾减灾效益及生态环境效益。

O.3.2 施工设计图册

包括工程布置总平面图、分项生物工程布置平面图、工程纵剖面图、代表性横断面图、分项工程结构设计图与细部构造大样图、特殊生物工程措施与辅助工程设计图、施工组织设计平面布置图、监测设计平面布置图。

O.3.3 工程投资预算书

分为预算编制说明和预算表两部分。预算编制说明包括生物治理工程概况、主要工程量、预算编制依据及费用标准(文件、定额及资料依据)、单价分析计算(基础单价、工程单价及其他费用)、工程总投资;预算表包括总预算表及各项工程、投资及单价分析、材料单价、人工单价等表及附表。

附　录　P
（规范性附录）
本规范用词说明

P.1　为了便于在执行本规范时区别对待，对于要求严格程度不同的用词，说明如下：

P.1.1　表示很严格，非这样做不可的用词：

正面词采用"必须"。

反面词采用"严禁"。

P.1.2　表示严格，在正常情况下均应这样做的用词：

正面词采用"应"。

反面词采用"不应"或"不得"。

P.1.3　表示允许稍有选择，在条件许可时首先应这样做的用词：

正面词采用"宜"或"可"。

反面词采用"不宜"。

P.2　条文中指明应按其他有关标准、规范的规定执行时，写法为"应符合……的要求（规定）"或"应按……执行"。非必须按所指的标准、规范或其他规定执行时，写法为"可参照……执行"。